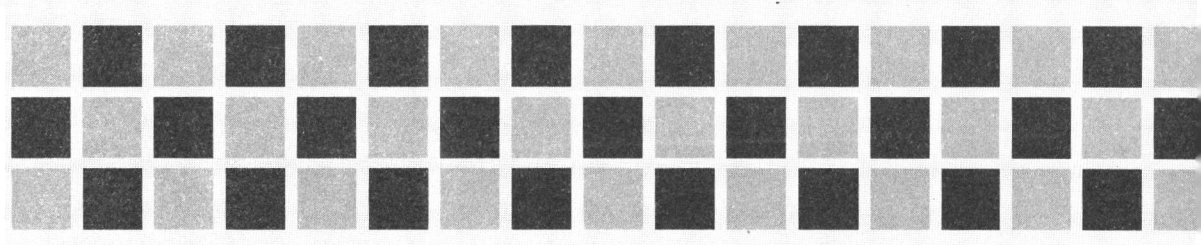

赵广娜 游一行 主编

世界经典心理测试题全集

SHI JIE JING DIAN
XIN LI CE SHI TI QUAN JI

光明日报出版社

图书在版编目（CIP）数据

世界经典心理测试题全集 / 赵广娜, 游一行主编. -- 北京：光明日报出版社，2011.6（2025.1重印）

ISBN 978-7-5112-1150-7

Ⅰ.①世… Ⅱ.①赵… ②游… Ⅲ.①心理测验—通俗读物 Ⅳ.① B841.7-49

中国国家版本馆 CIP 数据核字 (2011) 第 066662 号

世界经典心理测试题全集
SHIJIE JINGDIAN XINLI CESHITI QUANJI

主　编：赵广娜　游一行	
责任编辑：温　梦	责任校对：映　熙
封面设计：玥婷设计	封面印制：曹　净

出版发行：光明日报出版社
地　　址：北京市西城区永安路 106 号，100050
电　　话：010-63169890（咨询），010-63131930（邮购）
传　　真：010-63131930
网　　址：http://book.gmw.cn
E – mail：gmrbcbs@gmw.cn
法律顾问：北京市兰台律师事务所龚柳方律师

印　刷：三河市嵩川印刷有限公司
装　订：三河市嵩川印刷有限公司

本书如有破损、缺页、装订错误，请与本社联系调换，电话：010-63131930

开　本：170mm×240mm
字　数：220 千字　　　　　　　　　印　张：15
版　次：2011 年 6 月第 1 版　　　　印　次：2025 年 1 月第 4 次印刷
书　号：ISBN 978-7-5112-1150-7

定　价：49.80 元

版权所有　翻印必究

PREFACE 前言

说起考试，人们往往会皱起眉头，然而，有一种考试却很受欢迎，这就是心理测试。现在很多时尚杂志、报刊、网站都设立了心理测试专题，人们被这些涉及爱情、婚姻、性格、事业、学业、人际关系等方方面面的小试题所吸引，争先恐后地去破译个人生活的"达·芬奇密码"。

随着心理测试日益深入人心，人们自然会问一个问题：心理测试科学吗？心理学家对这个问题有着肯定的回答。心理测试在专业领域被称为心理测量，是心理学研究的一项重要方法。其编制过程有一套科学的标准，结果有严格客观的解释。心理测试的实质是通过观察人的少数有代表性的行为，对于贯穿在人的全部行为活动中的心理特点做出推论和数量化分析。它是具有效度和信用度的评估，符合严格的统计学原理。

任何事物一旦受到大众欢迎，它必然是迎合了人们的某种心理需要，心理测试也不例外。

第一，心理测试有助于了解自我。我们都有了解自己的心理需要。我们总是不断地试图认识自己，"我性格内向还是外向"、"我聪明吗"之类的问题总是困扰着我们。不管心理测试的结果是什么，都能在不同程度上促进我们对自我的认识，帮助我们认识到自己的个性和才干。

第二，心理测试有助于自我鼓励。当我们遇到困难或者失去自信的时候，做做心理测试可以调节心情。一般情况下，心理测试都会给测试者带来一定的激励和启示。其实，发挥自我鼓励作用的也许并非测试本身，而是人们给自己的心理暗示。

第三，心理测试有很强的趣味性。一般来说，心理测试的题目都能够激起我们的兴趣。因为有趣，不少人就会带着一种"轻松"的心情去做测试，如果答案和自己想的一样，就会特别高兴；要是毫无关联，也可以权当一种精神上的放松。

第四，心理测试可以提供心理安慰。由于我们处于竞争环境中，因此总是渴望有人能与自己倾诉和交流，而那一道道丰富细腻、有理又有情趣的心理测试题，会让我们感觉到好像有人走进我们的心里，在细细询问和呵护着我们的精神世界。

实际上，心理测试是一种弥补自己缺点的好方法，它的功用就在于此。明智的人在利用心理测试的时候总是试图从中追寻到自己生活和工作的影子，以此真正地了解自己、认知自己，为以后的事业积累必要的资本。

对个人而言，运用这些权威而有效的心理测试能够很好地了解自己的优缺点，扬长避短，完善自我，走向预定的目标，走向成功。

对管理者而言，通过这些测试可以发现和解决管理工作中存在的问题，并更好地识人、用人、管人，还能提高决策能力、协调能力以及亲和力和影响力，使管理水平和领导能力得到大幅度提高。

对企业单位而言，借助这些测试在招聘人才、选拔人才的过程中可以更迅速、更便捷地挑选出所需要的人员，从而使企业单位得到更好的发展。

本书所选的心理测试题均出自世界权威机构和心理学专家的多年研究成果，包括全球500强企业招聘在内的许多优秀人才的选拔，都采用了这些经典试题。其内容涉及性格测试、情商测试、智商测试、社交能力测试、社会适应能力测试等。这些测试内容全面、分析透彻、数据准确、结果客观，是个人心理自测、完善自我的最佳指南，是管理者提高领导能力的有效工具，是企业选拔人才、提高竞争力的科学顾问。

CONTENTS 目 录

第一章 人贵有自知之明
——从这里解读自己

你是一个成熟的人吗 ………………………………………… 1
你的心理年龄有多大 ………………………………………… 5
从笑容看出你的心机 ………………………………………… 7
你是一个有责任心的人吗 …………………………………… 8
你是一个八面玲珑的人吗 …………………………………… 10
你是一个迷恋过去的人吗 …………………………………… 11
你将来会幸福吗 ……………………………………………… 16

第二章 不可不察的性格奥秘
——破译你的性格密码

你是哪种风格的人 …………………………………………… 18
你是一个双重性格的人吗 …………………………………… 24
海上奇遇测试性格缺陷 ……………………………………… 27
宽衣解带测试你的性格 ……………………………………… 29
点菜可以知道你的性格 ……………………………………… 30
检测你的被虐指数 …………………………………………… 32
你是一个乐观的人吗 ………………………………………… 34
你有自恋的倾向吗 …………………………………………… 36

第三章 关注左右你的情感之源
——探寻和挖掘你的情绪能量

你属于哪种情绪类型 39
你有抑郁症倾向吗 44
你容易产生羞怯情绪吗 46
你高度敏感吗 49
你是个易冲动的人吗 52
你有安全感吗 54

第四章 分享爱情中的真实情感
——爱情本身就是一道测试题

你属于哪种恋爱风格 62
你会爱上哪一种人 65
你的单身情歌还要唱多久 66
他爱你有多深 69
你们是天生的一对吗 73
他是值得你托付终身的人吗 77
你的恋人有逃跑的念头吗 80
你了解心中的他吗 82
你们的爱情还能走多远 84
你恋爱的致命弱点是什么 88

第五章 推开"性福"那道门
——揭开男女"性"的神秘面纱

打开性之门的钥匙 90
你的性生活质量需要提高吗 91
你是否患有勃起功能障碍 94
女性自测性功能障碍 96
你现在"性福"吗 97
你了解爱人的需求信号吗 98

第六章 为人处世，左右逢源
——社交心理奥秘探寻

与人交往，你属于哪类人 100
《灰姑娘》童话看你的为人 102
你的公关能力如何 103
你的交际弱点在哪里 106
你的人缘怎么样 107
你有社交恐惧症吗 110
你是活跃的社交明星吗 112

第七章 看看你有多聪明
——IQ测试大挑战

看看你的IQ有多高 115
你有很高的创造力吗 121
你的记忆能力如何 125
你有一双慧眼吗 128
挑战你的想象力 133
脑筋换换换 136
综合能力大跃进 138

第八章 职场中的你是否能如鱼得水
——"职商"高低的探测

你适合什么样的职业 143
你跳槽的时机到了吗 146
你是不是工作狂 149
你将会被公司淘汰吗 152
你的执行力如何 154
你是忠心耿耿的员工吗 156
求职时你最引人注目的是什么 159
你为什么得不到老板的欢心 160
你能抓住升迁的机会吗 163

第九章 你能拥有多大的一块奶酪
——你的成功系数有多大

你找到自己成功的方向了吗 166
你是否掌握了成功的密码 168
你的成功指数有多高 171
你是一位事业型的人吗 174
何时为你的最佳创业时机 179
你会取得多大的成就 181

第十章 你是社会生存的赢家吗
——掌握自己的生存指数

你的心理适应能力如何 183
你的社会适应能力如何 186
你有很强的应变能力吗 189
你处世够精明吗 192
你的危机意识有多强 194
你处理问题的能力如何 196
你对新事物充满好奇与渴望吗 198

第十一章 你能否成为明天的卓越管理者
——洞悉你的管理能力

你是一个什么样的管理者 201
你是个知人善任的管理者吗 202
你具备做领导的潜质吗 206
你具备亲和力吗 208

第十二章 与财富有约
——发现你的财富密码

你是理财高手吗 211
你能实现自己的发财梦吗 214
你有成为亿万富翁的潜质吗 215

第十三章 健康是幸福的基石
——HQ 测试你的健康商数

你的生活方式健康吗 218
你的膳食是否合理 221
你患有忧郁症吗 223
你的心理衰老了吗 225

第一章
人贵有自知之明
—— 从这里解读自己

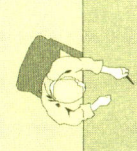

你是一个成熟的人吗

测试导语

　　人生经验丰富的人通常是一个个性成熟的人。这样的人做任何事情都对自己充满信心，相信自己的能力和思想，善于运用自己的知识和学问。在工作中，他能冷静地面对一切，哪怕遇到再大的挫折他也不会自暴自弃。他重视与同事的关系。他有自己独特的见解，追求一个理智、永久、实际的生活原则，而不是由假想、偏见、迷信所形成的生活原则。

　　本测试共10题，题后有选项，请你从中选择一个和自己实际情况最符合的答案。

测试开始

1. 别人喜欢我的程度是：
   A．某些人很喜欢我，另一些人一点也不喜欢我
   B．一般人都有点喜欢我，但都不以我为知己
   C．谁也不喜欢我
   D．大多数人都在一定程度上喜欢我

E．我不了解别人的看法

2．在与别人的交往中，我通常是：
A．喜欢故意引起别人对自己的注意
B．希望别人注意我，但不想明显地表现出来
C．喜欢别人注意我，但并不刻意去追求这一点
D．不喜欢别人注意我
E．对于是否会引人注意，我从不在乎

3．我认为对待社会生活环境的正确态度是：
A．使自己适应周围的社会生活环境
B．尽量利用生活环境中的有利因素发展自己
C．改造生活环境中的不良因素，使生活环境变好
D．遇到不良的社会生活环境，就下决心脱离这个环境，争取调到好的地方去
E．不管生活环境如何，我都要努力奋斗，无愧于自己的一生

4．在工作或学习中遇到困难时，我经常是：
A．向比我懂得多的任何人请教
B．只向我的亲密朋友请教
C．我总是尽自己的最大努力去独立解决，实在不行，才去请求别人的帮助
D．我只是咬紧牙关，不请求别人来帮助
E．我没发现可以请教的人

5．如果在比赛中我输了，我通常的做法是：
A．找出输的原因，提高技术，争取下次赢
B．对获得胜利的一方表示钦佩
C．认为对方没什么了不起的，在别的方面自己比对方强
D．认为胜败是很正常的事情，很快就忘记了
E．认为对方这次赢的原因是运气好，如果自己运气好的话就会赢对方

6．在一般情况下，与我意见不相同的人都是：
A．想法怪僻、难以理解的人
B．没什么文化知识修养的人
C．有相当理由坚持自己看法的人
D．生活阅历和我不同的人
E．素养比我丰富的人

7．我对算命的看法是：
A．我发现算命能了解过去和未来，而且很准

B．算命人多数是骗子
C．我不清楚算命到底是胡说，还是确有道理
D．我不相信算命能测出人的过去和未来
E．尽管我知道算命是迷信，但还是时常一试

8．当生活中遇到重大挫折时，我便会感到：
A．这辈子算完了
B．也许能在其他方面获得成功
C．不甘心失败，决心不惜付出任何代价，一定要实现自己的愿望
D．没什么大不了的，我可以调整自己的计划或目标
E．自己本来就不应当抱有这样高的期望或抱负

9．我对待争论的态度是：
A．随时准备进行激烈争论
B．只对自己感兴趣的问题才争论
C．我很少与人争论，喜欢自己独立思考各种观点的利弊
D．我不喜欢争论，尽量避免之
E．无所谓

10．受到别人指责时，我通常的反应是：
A．分析别人为什么指责我，找出自己在哪些地方有错
B．保持沉默，毫不在意，将一切指责置之脑后
C．反击对方的指责
D．尽量照别人的意思去做
E．如果我认为自己是对的，就为自己辩护

 评分标准

题号 \ 选项 得分	A	B	C	D	E
1	0	+2	−3	+8	−2
2	−2	0	+8	+3	+4
3	0	+4	+8	−4	+6
4	+8	0	+4	−2	−4
5	+8	0	−3	+4	−4
6	−3	−2	+8	+4	
7	−5	+3	−2	+10	0

题号 \ 选项 得分	A	B	C	D	E
8	－4	＋10	0	＋5	－3
9	－4	＋8	0	－2	＋3
10	＋8	3	4	0	＋4

把每一题的得分加起来，再对照后面的测试结果。

 测试结果

0分以下：你还十分幼稚，处理社会生活问题仍不成熟。你喜欢单凭个人的直觉和一时的感情行事，好冲动、不识大体；或者走向另一个极端，即遇事畏畏缩缩，不敢出头露面，孤独而自卑。你容易得罪人，也容易被人欺骗，在社会生活中处处碰壁，无法实现自己的理想和目标。这与现代社会生活的要求很不适应，你必须设法使自己尽快地成熟起来。

0～30分：你的个性还不够成熟，你还不善于处理社会生活中的各种问题和矛盾，不善于观察影响问题的各种因素，不能准确地预见自己行为的结果，还不能很好地适应复杂的社会生活。

31～60分：你的个性成熟度属中等水平，你对人生的一些事情把握、处理得比较适当，而对另一些事情还没有把握，以致束手无策或处理不当。你的个性具有两重性：一半老练，另一半幼稚，你还需要在社会生活中慢慢历练。

60分以上：你是个很成熟老练的人。在社会生活中能够游刃有余、处事泰然。知道怎样妥善地处理自己所遇到的各种问题。处理问题时，能够准确地判断，哪种方式是有效的，哪些方式会造成不良后果，从而选择一种最佳的处理方案。

心理视点

个性成熟的人大多有丰富的经历，有大量失败和成功的经验可供借鉴。但是个性成熟的程度不一定是与人的年龄成正比的。所以判断一个人的个性是否成熟以及成熟的程度，关键是看其处理事情的态度、能力，对社会的适应能力和自控能力。

你的心理年龄有多大

 **测试导语**

人的心理年龄与其实际年龄并不总是一致的。有的人年纪轻轻,心态却十分保守,一副老气横秋的样子;有的人虽已近知天命之年,却总是充满朝气,心态积极乐观,性格开朗。

不妨测试一下你的心理年龄。每道题有3种答案:是、否、中间。选择适合你的答案。

 **测试开始**

1. 下决心做某事后便立刻去做。
2. 往往凭经验办事。
3. 对任何事情都有探索精神。
4. 说话慢而且啰唆。
5. 健忘。
6. 怕烦心,怕做事,不想活动。
7. 喜欢计较小事。
8. 喜欢参加各种活动。
9. 日益固执起来。
10. 对什么事情都有好奇心。
11. 有强烈的生活追求。
12. 难以控制感情。
13. 容易嫉妒别人,易悲伤。
14. 见到不合理的事不那么气愤了。
15. 不喜欢看推理小说。
16. 对电影和爱情小说日益失去兴趣。
17. 做事情缺乏持久性。
18. 不愿意改变旧习惯。
19. 喜欢回忆过去。
20. 学习新鲜事物感到困难。
21. 十分注意自己身体的变化。
22. 生活兴趣的范围变小了。

23. 看书的速度加快。
24. 动作不够灵活。
25. 消除疲劳感很慢。
26. 晚上不如早晨和上午头脑清醒。
27. 对生活中的挫折感到烦恼。
28. 缺乏自信心。
29. 难以集中精力思考。
30. 工作效率低。

 评分标准

题号 答案 得分	1	2	3	4	5	6	7	8	9	10	11	12	13	14	15	16	17	18
是	0	2	0	4	4	4	2	0	4	0	0	0	2	2	2	2	4	2
否	2	0	4	0	0	0	0	2	0	2	4	2	0	0	0	0	0	0
中间	1	1	2	2	2	2	1	1	2	1	2	1	1	1	1	1	2	1

题号 答案 得分	19	20	21	22	23	24	25	26	27	28	29	30
是	4	2	2	2	2	2	2	2	2	2	2	2
否	0	0	0	0	0	0	0	0	0	0	0	0
中间	2	1	1	1	1	1	1	1	1	1	1	1

把各题自己的得分相加，算出总积分，再根据总分查出自己所属的心理年龄范围。

 测试结果

分数	75分以上	65～75分	50～65分	30～50分	0～30分
心理年龄	60岁以上	50～59岁	40～49岁	30～39岁	20～29岁

心理年龄与一个人的实际年龄的关系往往也有以下几种情况：(1)心理年龄与实际年龄一致：心理状况与实际年龄基本符合，即该年龄应当显示出如此的心理水平。两龄一致者，其心理健康水平一般；(2)心理年龄低于

实际年龄:处于此种情况的人,其心理健康水平较高,但这种"低"在一定范围内才是好的,如果过"低",则并非心理健康的表现;(3)心理年龄高于实际年龄:处于此种情况的人,其心理健康水平较差,且心理年龄愈"高"则心理健康状况愈差。由上可见,一个人为了增进与保持心理健康,就必须了解自己的心理年龄,以便针对实际情况,采取相应对策。

从笑容看出你的心机

测试导语

每个人都有不同程度的心机,那么自己的心机在众人中是重还是轻呢?做完下面的测试便知道答案了。

测试开始

有一个小朋友,他在上语文课时,突然很想上厕所,便举手和老师说:"老师,我要大便!"老师非常生气地说:"不可以用这么粗俗的字眼,不准去!"就命令他坐回去,可是那名小朋友还是憋不住,只好又举手说:"老师,我的屁股想吐!"看到这里,你会怎样笑起来呢?

A. 冷笑或是干笑
B. 遮住嘴巴笑
C. 嘴巴张得大大的,毫不掩饰地笑
D. 想憋又憋不住,扑哧地笑了出来

测试结果

A. 你很有心机,不管用明用暗,总可以自如地操纵别人,以达成目的,你无时无刻不在观察别人,是个厉害的狠角色。心机指数90%。

B. 你是那种宁愿自己生闷气,也不轻易说出来的人。通常会紧闭心灵,却又渴望别人能主动了解自己,为人有点现实且有点固执,一旦心意已决,不管什么人也说不动。心机指数70%。

C. 你是很单纯的人,因为你很有担当,不会因为别人而随意更改自己的想法。待人通常两极化,不是极好就是极坏,因为你是个疾恶如仇的人,很难和讨厌的人来往。心机指数40%。

D．你是一个心地善良的人，当他人有困难时，你可以毫不犹豫为他分忧，但是你却是最忽视自我需求的那种人，常可能为了别人而牺牲自己。心机指数60%。

心理视点

做人要有心机，没心机的人就像扛着榆木脑袋的木偶一样，生活缺乏自主，任凭别人的安排和摆布。当然这里的心机不是害人之心，不是处心积虑算计别人之心，不是要阴谋玩手段的欺诈之心。做人要光明磊落，这样的人才是纯粹的人。相反，专门玩弄权术，坑蒙拐骗，这样的人最终会自食恶果。

心机是从生活中汲取的智慧。没有经历过社会的洗礼、生活的磨砺的人始终淳朴天然，没有丝毫的心机可言。涉世历久，人情世故经历得多了，自然就会产生心机，因此心机也是生活的浓缩和提炼。

你是一个有责任心的人吗

测试导语

你是那种没有责任感、每个妈妈都不放心让儿女与你交往的人吗？通过下面的测试，你可以检查一下你的责任心如何。每个题目你只需要答"是"或"否"。

测试开始

1. 与人约会，你通常准时赴约吗？
2. 你认为你这个人可靠吗？
3. 你会因未雨绸缪而储蓄吗？
4. 发现朋友犯法，你会通知警察吗？
5. 出外旅行，找不到垃圾桶时，你会把垃圾带回家去吗？
6. 你经常运动以保持健康吗？
7. 你不吃有害健康的食物吗？
8. 你永远先做正事，再做其他事情吗？
9. 你从来没有错过任何选举活动吗？

10. 收到别人的信,你总会在一两天内就回信吗?
11. "既然决定做一件事情,那么就要把它做好。"你相信这句话吗?
12. 与人相约,你从来不会耽误,即使自己生病时也不例外吗?
13. 你曾经犯过法吗?
14. 在求学时代,你经常拖延交作业吗?
15. 小时候,你经常帮忙做家务吗?

评分标准

如果你回答"是",请为自己计上1分,如果回答"否",请为自己计上0分。

测试结果

10~15分:你是个非常有责任感的人。你行事谨慎、懂礼貌、为人可靠并且相当诚实。

3~9分:大多数情况下,你都很有责任感,只是偶尔有些率性而为,没有考虑得很周全。

0~2分:你是个完全不负责任的人。有些朋友的父母可能会对你有成见,力劝儿女少跟你来往。你一次又一次地逃避责任,造成每个工作都干不长,手上的钱也老是不够用。

心理视点

托尔斯泰曾说过:"一个人若是没有热情,他将一事无成,而热情的基点正是责任心。"责任感对于一个人的成长是非常重要的,那么什么是责任感呢?简单地说,责任感就是愿意做自己应该做的,努力做好自己应该做好的,不做不该做的。

责任感是可以培养的。注意生活中的细节就有助于责任感的养成。一个书店的营业员能勤擦拭书架上的灰尘,一家公交公司的司机,能让汽车每天保持整洁,渐渐地就会习惯成自然。当责任感成为一种习惯,成了我们的生活态度,我们就会自然而然地担负起责任,而不是刻意地去做。当一个人自然而然地做一件事情时,当然不会觉得麻烦和辛苦。当你意识到责任在召唤你的时候,你就会随时为责任而放弃别的什么东西,而且你不会觉得这种放弃对你来讲很艰难。

你是一个八面玲珑的人吗

 **测试导语**

　　八面玲珑的人会有很多的成功机会，但并非人人都有这种本事，不过没关系，慢慢学习就是了。通过下面的测试，你不仅会知道自己是否是一个八面玲珑的人，而且还会知道怎样做才恰如其分。每个题目你只需要答"是"或"否"。

 测试开始

1. 和同事发生争执，你会不知不觉地提高音量吗？
2. 你叫得出公司里八成以上的人的名字吗？
3. 看到讨厌的人，你会假装没看见吗？
4. 你和主管及同事们相处愉快吗？
5. 遇到不合理的事情，你会抗议到底吗？
6. 昨天才吵过架的人，今天你能愉快地跟他聊天吗？
7. 购物时遇到态度不好的店员，你会跟他起争执吗？
8. 同事帮你买错盒饭，你还是很感谢吗？
9. 和朋友出去玩，你会坚持自己的意见吗？
10. 保持和谐的状态是很重要的事吗？

 评分标准

　　以上问题，单数题答"是"者得0分，答"否"者得1分；双数题答"是"者得1分，答"否"者得0分。最后汇总得分。

 测试结果

　　0～4分：完全自我型。你是个凡事都以自己的感受为第一的人。这样的你，可以过得很随意、很自我，但是在面对团体生活时，难免会因为不懂得委屈自己，而招致许多不必要的麻烦。

　　5～7分：择善固执型。你较容易沟通，但是对某些你认为对的事情，还是十分坚持，认为总是保持微笑是一件很辛苦的事情。最好选择了解你的人当你的合作伙伴。

8～10分：八面玲珑型。你是个左右逢源的人，这并不表示你很伪善，应该说你能将心中的不满隐忍下来，或者是想办法化解，可以说是一个能和别人和谐相处的沟通高手。

心理视点

处理好人际关系的关键是要意识到他人的存在，理解他人的感受，既满足自己，又尊重别人。想建立良好的人际关系需要注意几个方面：真诚；人际关系的相互作用；让别人觉得你值得交往；维护别人的自尊心。这几点是人际交往的基本原则，是处理人际关系不可分割的几个方面。运用和掌握这些原则，是处理好人际关系的基本条件。熟练地掌握在人际交往中基本的交际和沟通技巧，并具有宽容、信任、友爱、诚恳、谦虚、尊敬、忍让等良好的性格特征，同时正确认识自己、把握自己。这样，你就能在人际交往中左右逢源，较好地处理自己和他人的关系。

你是一个迷恋过去的人吗

测试导语

你是一个容易忘记过去、对未来充满憧憬的人，还是一个迷恋于过去、整天眷顾过去你自认为美好时光的人呢？做完下面的测试，你就能认清自己这方面的处世哲学了。

测试开始

1. 下面哪种说法最接近你对1月1日的想法？
   A．年复一年，日复一日
   B．时间过得太快，自从去年1月1日到现在，根本就不像过了12个月
   C．我应该为今年制订新计划了

2. 如果在一个地方幸福地居住了很多年，这种愉快的回忆是否会妨碍你搬迁到新的地方去住？

A．是的
B．很大程度要看搬到什么地方去
C．不会

3．如果有人严重地伤害了你，你会原谅他吗？
A．不会
B．不会，除非我能抚平创伤
C．忘记他们，而不是原谅

4．你是否时刻关注各种最新的技术？
A．不是
B．某种程度上是这样
C．是的

5．那些看似复杂的新技术是否会让你感到恐惧？
A．是的
B．让我感到无所适从，而不是吓倒我
C．不会吓倒我，但是有时我必须马不停蹄地去掌握这些新技术

6．以下哪种说法最能代表你对变化的态度？
A．我憎恨变化
B．我不是特别地喜欢变化，但接受变化的确是不可避免的
C．我丝毫不为变化而担忧

7．你是否喜欢故地重游，并且想起愉快的过去和老朋友？
A．经常
B．偶尔
C．没有或者很少

8．你是否经常培养新的兴趣爱好？
A．不是这样，我现在的兴趣爱好都是多年前留下的
B．不完全这样，尽管有时我会对新事物感兴趣
C．是的，我认为我经常会转向新事物

9．当晚上与你最亲近、最亲密的人在一起聊天时，你们是喜欢回忆过去，还是展望未来？
A．回忆过去
B．两者差不多
C．展望未来

10．多年以来，你的偶像一直都是同一个人吗？
A．是的

B．是的，尽管我还有一些别的偶像
C．不是

11．你是否认为学生时代是你人生中最快乐的一段时光？
A．是的
B．不一定，尽管学生时代有很多愉快的回忆
C．不是

12．你认为下面哪一项是你最大的优点？
A．有组织性
B．负责
C．精力充沛

13．你更喜欢看的电视节目是老片重播，而不是新片，对吗？
A．是的
B．有时
C．不

14．你喜欢现在的流行音乐吗？
A．理所当然
B．与今天的音乐相比，也许我更喜欢某个特定年代的音乐
C．不

15．下面哪个对你最重要？
A．过去
B．现在
C．将来

16．以下哪个对你最重要？
A．充实而稳定的家庭生活
B．最大限度地实现人生价值
C．不断地充实自己的思想，以释放最大的潜能

17．你是否拥有个人主页？
A．没有，也不打算拥有
B．没有，但我不排除将来可能会有
C．是的

18．你对服装的新款式有什么想法？
A．没什么想法
B．我想有些款式会很好
C．大多数都不适合我，但我喜欢看见别人穿上漂亮的流行款式

19．你喜欢收藏东西吗？
　A．是的
　B．也许
　C．不是

20．你每年都去新的地方度假吗？
　A．不，我几乎每年都去同一个地方
　B．不是每年，我们有好几个不同的地方可供选择，我们轮换着去这些地方
　C．通常是这样

21．你是否拥有一台个人计算机？
　A．没有，而且也不打算买
　B．没有，但我希望将来能够拥有一台
　C．是的

22．你是否认为会有那么一天，你什么都不用干，就等着养老？
　A．是的
　B．可能
　C．不

23．你很容易从个人不幸中解脱出来吗？
　A．根本就不容易，事实上那是一个漫长而困难的过程
　B．我尽可能快地解脱自己，尽管没有人能够从个人的不幸和痛苦中完全解脱
　C．这不容易。但是，我会尽量将它抛到脑后，并且尽可能快地继续走好自己的路

24．你对于自己所在的公司不断引进新技术有什么感想？
　A．多少有些担心，因为我对自己已知的东西更有信心
　B．我知道在当今社会，这是保持竞争力所必需的，但有时会担心自己不能适应这些新技术
　C．坦率地说，我很喜欢接受这种令人兴奋的新挑战

25．你是否精通了某一项技术，甚至可以很清楚地向别人演示如何使用它？
　A．没有
　B．偶尔
　C．经常

 评分标准

A得0分，B得1分，C得2分，最后汇总得分。

测试结果

低于 25 分：你的得分表明你对待变化的态度是消极的，并且对按照变化的进展速度向前展望没有兴趣。这些迹象还说明你对新技术不感兴趣，这可能是因为你对自己掌握这些技术感到信心不够。你可能是那种多愁善感者。你回忆得最多的可能是你人生正在向好的方向发展的那段时间。

25～39 分：过去的记忆和经历构成了现在的你。正是这种过去让我们能够成为现在的自己，并且成为我们构建未来的基础。虽然你的得分表明你是那种向前看，为将来做计划，同时保持与新技术同步的人，但是你同样也乐于回忆过去的时光。你属于比较乐观的那种人，你不恐惧变革以及由于变革所带来的必然挑战和技术创新。你对未来持乐观态度，但同时也带有怀旧情绪。

40～50 分：你的得分表明你是那种朝前看的人，绝对不是一个怀旧者。无论你现在的年龄有多大，你都会一直关注着前方的路，为将来着想并做相应的准备。变化对于你来说不是什么太坏的事情，事实上，你正对可以不断计划未来感到庆幸不已，并且为未来可能出现的机会而感到欣慰和兴奋。你对新技术充满兴趣，并且希望了解所有正在进行的技术发展情况，你不甘落后于时代。当然，由于现代化的科技日新月异，大多数人都难免会落后于最先进的设备和技术。因此，如果你突然发现自己忽视了某些最新的技术发展时，你不必为之感到沮丧。你的处世哲学是永远向前看，永不回头，无论多大年龄，都应当一往无前。

心理视点

本杰明·富兰克林曾经说过，人生只有两件事情是确定无疑的，那就是死亡和纳税。如果他能活到现在，他可能还会加上一条，那就是变化。变化总是不可阻拦的。但是，与过去相比，今天人们在生活方式、人生观、价值观以及技术方面的变化比以前任何时代都要快得多。我们既可以抵制变化，使自己成为恋旧的人，也可以欢迎变化，并且跟随变化不断向前发展。我们要选择做后者，以乐观的态度展望未来。

你将来会幸福吗

 **测试导语**

幸福在哪里?我们常常问自己。让我们进入你的潜意识来看看你的幸福会不会与你擦身而过?请完成以下测试,对每题做出"是"或"否"的回答。

 **测试开始**

1. 世界上其实没有真正的坏人。
2. 即使有不愉快的事,睡醒过后就忘记了。
3. 几乎没有不能解决的问题。
4. 一生中有很多特别的兴趣。
5. 回首人生,几乎没有不好的回忆。
6. 不会无缘由地感到沮丧。
7. 总觉得每天会有好事发生。
8. 对自己的未来没有感到不安。
9. 确信自己的直觉在紧要关头十分准确。
10. 从自己的整体来看,觉得还有待于加强。

 评分标准

"是"得1分,"否"为零分。最后把得分汇总。

 测试结果

0~4分:幸福与你的缘分尚浅。由于你保守的性格,导致思维偏向负面的方向,因此,你常常与幸福擦肩而过。假如你不改正思维方式,就会形成恶性循环,对你的生活产生负面的影响。

5~7分:你的心情需要再放松一些,只要对自己有信心,再加上一点努力,幸福就会与你越来越近。

8~10分:最接近幸福的那种类型,由于你积极乐观的精神,有审视自己、肯定自己的积极倾向,因此,把握现在,就相当于踏上了幸福之路。

心理视点

其实,幸福每时每刻都在我们身边,关键是我们如何去发现它、理解它、感受它、创造它。不同的人对幸福有不同的理解。有人说幸福是使人舒畅的境遇和生活,有人说幸福是想得到的东西得到了,有人说幸福是衣食不愁、高枕无忧,有人说幸福是健康长寿。有人说幸福是饥饿时的面包,是劳累时美美地睡上一觉,是伤心时一句安慰的话语,是哭泣时递过来的那一张温柔的纸巾,是严寒时身边的那一盆炭火,是酷暑时畅饮的那一瓶冰红茶……

幸福没有绝对的答案,关键在于你的生活态度。

首先我们要学会理解幸福,幸福不是虚无缥缈的东西,对幸福的理解要建立在客观条件允许的范围内,切不可脱离实际,不可好高骛远,那么幸福就在我们身边。

其次幸福是自己的感受,不是别人给你的。幸福每时每刻都在我们身边,只是看我们如何去感受它。幸福其实就是我们微笑时的笑靥,是我们欢呼跳跃时的欢歌笑语。善于抓住幸福的人才懂得什么是幸福,才知道如何去体味。不要等到失去了,才懂得珍惜。幸福也是如此,只有紧紧抓住它,才不会让它从身边溜走。

最后,幸福要靠自己去创造。未来是要靠我们自己去创造的,幸福也是要靠我们自己去创造的。相信太阳每一天都是新的,生活的每一天都是充满阳光的,让我们乐观地看待人生,塑造自己的幸福吧。

第二章
不可不察的性格奥秘
——破译你的性格密码

你是哪种风格的人

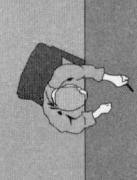 测试导语

此题用于评定一个人的工作、思维、行为的风格,包括内向(Introversion)与外向(Extroversion),直觉(Intuition)与察觉(Sensing),感情(Feeling)与思考(Thinking),感知(Perceiving)与判断(Judging)4组相对应的维度。

以下有成对的32道题,请你考虑一下你喜欢成对中的哪一个,1A还是1B,2A还是2B……如果你非常喜欢1A,就给它5分,如果你很不喜欢1B,就给它0分,但A和B的分数加起来应等于5。如你若给1A4分或3分,那就得给1B1分或2分(4 + 1 = 5,或3 + 2 = 5)。注意分数必须是整数,不能出现2.5分等。另外这里只有"喜欢"与"不喜欢",没有"正确"与"错误"。

 测试开始

1. A. 了解了别人对问题的想法之后,才做出决定
   B. 不和他人协商,就自己做出决定

2. A. 大家说你有想象力,富有直觉

B．大家说你重视事实，判断准确

3．A．根据个人感情以及对他人的了解，设身处地为人着想
　　B．根据现有客观资料对情况做系统的分析

4．A．如果有人愿意承担任务，那就作为任务来安排
　　B．力求任务明确，保证责任到人

5．A．愿意安静地思考问题
　　B．愿意与人们交往。活跃、有干劲

6．A．用所熟悉的有效方法把工作做完
　　B．采用新的方法工作

7．A．根据以往的生活经验和是非观念，得出结论
　　B．根据逻辑进行谨慎分析，最后得出结论

8．A．避免按照固有计划办事，不给事情规定最后期限
　　B．安排好了的事情，就不再变动

9．A．遇到问题，不愿与别人沟通交流，喜欢独自承担或思考
　　B．喜欢和别人谈话或讨论，不愿独处或独自考虑问题

10．A．考虑可能实现的问题
　　B．应付现实

11．A．被认为是一个重感情的人
　　B．被认为是一个爱思考的人

12．A．周密地考察事物，并长时间从各个角度考虑后做出决策
　　B．收集所需信息，考虑之后迅速而坚定地做出决策

13．A．别人很难了解自己的想法和行动
　　B．常常和别人一道参加各项活动

14．A．喜欢抽象的、概括性的或理论性的规划
　　B．喜欢具体的或真实的叙述

15．A．帮助别人了解他们自己的情感
　　B．帮助别人做出符合逻辑的决策

16．A．不断随现实的变化而寻找新的选择，改变原有选择
　　B．事先对问题的发展和变化有所了解并做出预测

17. A. 自己的思想和感情，一概不外露
    B. 随时与别人沟通自己的思想和感情

18. A. 惯于整体地看待事物
    B. 注重事物的细节

19. A. 用资料与数据、分析与推理来做决策
    B. 用常识和经验来做决策

20. A. 根据事情进展逐步定出计划
    B. 一有必要，就在行动前先制定出计划

21. A. 愿意结识新朋友、了解新事物
    B. 愿意独自一个人或与熟悉的人在一起

22. A. 注重印象
    B. 注重事实

23. A. 信服可以证实的结论
    B. 信服合情合理的说法

24. A. 把相关的具体情况都尽量写在本子上
    B. 尽量不用笔记本或用笔做记录

25. A. 在一个小组内充分地讨论一个未曾考虑过的新问题
    B. 自己冥思苦想一个问题，然后把结果和别人谈

26. A. 准确地执行认真制定的详细计划
    B. 想出计划，但不一定实行计划

27. A. 偏重感情的人
    B. 重视逻辑的人

28. A. 在一时冲动之下，随意做出一些事情
    B. 事先清楚地知道自己所要做的事情

29. A. 成为人们注意的中心
    B. 显得沉默寡言

30. A. 有脱离实际的想象
    B. 查看实际的细节

31. A. 乐于用理性来分析情况
    B. 乐于体验充满情绪的场景或讨论

32. A. 按安排好的时间开会
    B. 等一切就绪时开会

评分标准

根据测试导语中的计分标准来填写下表。

I——内向		E——外向		N——直觉		S——察觉	
题号	评分	题号	评分	题号	评分	题号	评分
1B	1B	1A	1A	2A	2A	2B	2B
5A	5A	5B	5B	6B	6B	6A	6A
9A	9A	9B	9B	10A	10A	10B	10B
13A	13A	13B	13B	14A	14A	14B	14B
17A	17A	17B	17B	18A	18A	18B	18B
21B	21B	21A	21A	22A	22A	22B	22B
25B	25B	25A	25A	26B	26B	26A	26A
29B	29B	29A	29A	30A	30A	30B	30B
合计	合计	合计	合计	合计	合计	合计	合计

F——感情		T——思考		P——感知		J——判断	
题号	评分	题号	评分	题号	评分	题号	评分
3A		3B		4A		4B	
7A		7B		8A		8B	
11A		11B		12A		12B	
15A		15B		16A		16B	
19B		19A		20B		20A	
23B		23A		24B		24A	
27A		27B		28A		28B	
31B		31A		32B		32A	
合计		合计		合计		合计	

测试结果

在上表成对的两栏I与E、N与S、F与T、P与J中，按以下分值情况评估各维度的特征。

20～21分：说明该维度的特征较为平衡。

22～24分：说明该维度的某一极特征稍占优势，相对应的另一极特征则稍处弱势。

25～29分：说明该维度的某一极特征有一定优势，相对应的另一极特征在一定程度上处于弱势。

30～40分：说明该维度的某一极特征明显占优势，相对应的另一极特征则明显处于弱势。

各类型的特征分别为：

内向与外向（I-E）

I——内向高分者：在决策时常不大考虑周围的约束或刺激；习惯于独处，沉默寡言，不喜欢被别人打扰，不容易记住别人的姓名和面貌。

E——外向高分者：总想与周围的人群、事物协调，为人开朗，善交际，喜与人共事，有多方面兴趣；对进程缓慢的工作感到不耐烦，不介意别人打扰。

直觉与察觉（N-S）

N——直觉高分者：习惯于凭印象办事，只要可能的事情就去做，不喜欢烦琐的细节；考虑问题或讨论问题时，多半做出直觉的、跳跃性的反应，会本能地把细节抹去；很容易做出决定，不要求确凿的依据或充分的理由。

S——察觉高分者：喜欢具体、真实的事物和此时此地可以感觉到的东西；对抽象概念或理论没有耐心，也不完全相信直觉；思想细致、准确，很少会犯错误，但易丢掉总体概念。

情绪与思考（F-T）

F——感情高分者：敏感、多情、热心肠、易移情，常设身处地为人着想，多凭个人感情和自身价值观对人与事做出判断；对人及其感情的逻辑或分析更感兴趣；对进行和解或形成和谐的局面感兴趣，有意于身居高位的机会或达到非个人的目标。

T——思考高分者：注重根据事实依据和逻辑分析，对生活、人与事做出客观判断，避免片面地凭感觉和经验做出决策；对主观感受、移情作用和好恶态度不大感兴趣，可能较少考虑个人的感情、需要和价值观。

感知与判断（P-J）

P——感知高分者：总想多了解情况，不轻易做出判断；有灵活性，能适应情况，希望看到问题的各个方面，有时会犹豫不决，态度不明朗；事情多时，抓不住头绪，感到沮丧；即使事情办完了，还会回顾一下是否办得妥善；常常随波逐流，不致力于改变生活状况。

J——判断高分者：显得果断、坚定、自信；一旦做出决策、定好目标，就不轻易改变；完成一项任务马上开展下一个项目，环环相扣；必要时能懂得放弃，转向新的任务。

心理视点

各类型可能有的优缺点见下表：

类型	可能有的优点	可能有的缺点
内向 I	独立 勤奋 善于思考 考虑周到，不蛮干 谨慎地提出概括性论据 行动时小心翼翼	对外界有误解 不合群 不坦率 常被别人误解 要安静地工作 不喜欢别人打扰
外向 E	了解外界 愿和别人交往 坦率 有行动，有作为 对事物有所了解	缺少独立性 没有别人就难以工作 需要多样化 感情容易冲动 对日常工作有点不耐烦
直觉 N	能看到可能的事情 能看到事情的结果 富于想象、直观 能提出新见解 能处理复杂的事情 能解决新问题	不注意细节和准确性 不注意实际情况 对令人厌烦的事没有耐心 对有些事不顾逻辑 有时会对问题视而不见 匆匆做出结论
察觉 S	注意细节 讲实际 能记住事实和细节 能处理令人厌烦的细节 能忍耐 细致，有系统性	看不到可能的事情 顾及细节而失去全面 不相信直觉 不注重新事物 对复杂的事情感到苦恼 不喜欢预测未来
感情 F	考虑别人的感受 了解自己的需要和价值观 对调解工作感兴趣 感情外露 喜欢劝说、鼓动	不按逻辑考虑事情 不客观 不擅长做组织工作 不去鉴别，一味认可 感情用事

类型	可能有的优点	可能有的缺点
思考 T	讲逻辑，重分析 客观 有组织地工作 有批判和鉴别能力 公正、坚定 懂得变通、等待变革	不大理会他人的情绪 误解别人的价值观 对调解不感兴趣 不外露、对人不热情 不喜欢劝说 优柔寡断
感知 P	对问题看得全面 灵活，适应能力强 根据所有数据做决定 不轻易下判断	不做计划、缺少秩序 不能控制情况 工作时易分散注意力 不能完成规划或方案
判断 J	果断 善于计划、讲究秩序 善于控制 迅速做出决策 做工作从不半途而废	固执、不灵活 用不充分的数据做决定 轻易下判断 受任务或计划的控制 希望工作不受干扰

你是一个双重性格的人吗

测试导语

有时候人们并不能意识到自己是否具有双重性格，就像《魔戒》里面的"咕噜"一样，在内心深处还有另外一个"自己"，时不时就蹿出来，以至于有时候自己都不清楚究竟干了些什么，这就是双重性格在作祟！那么你想知道自己是否具有双重性格吗？测试一下吧。

测试开始

1. 你属于下列哪一个星座？
A. 摩羯座、水瓶座、巨蟹座或双子座——请回答第2题

B．金牛座、射手座、狮子座或处女座——请回答第 3 题

C．天蝎座、双鱼座、白羊座或天秤座——请回答第 4 题

2．你是一个健谈的人吗？

A．是——请回答第 3 题

B．否——请回答第 4 题

3．你比较喜欢跟家人还是跟朋友在一起？

A．家人——请回答第 4 题

B．朋友——请回答第 6 题

4．你想创业吗？

A．想——请回答第 5 题

B．不想——请回答第 7 题

5．电影上出现床上亲热镜头，你会感觉不雅观吗？

A．会——请回答第 6 题

B．不会——请回答第 7 题

C．若不是三级电影便不会——请继续回答第 8 题

6．你觉得时间过得很快吗？

A．是——请回答第 9 题

B．否——请回答第 8 题

7．你最憎恶的是下列哪一个？

A．战争——请回答第 8 题

B．不满意的工作——请回答第 9 题

C．不满意的家庭生活——请回答第 10 题

8．你认为来自不同圈子的朋友能愉快地聚会吗？

A．能够——你属于 B 型

B．不能够——请回答第 10 题

9．你会为名利权位，刻意讨好上司或朋友吗？

A．是——你属于 A 型

B．否——你属于 B 型

10．你认为朋友比家人更重要吗？

A．是——你属于 D 型

B．否——你属于 C 型

测试结果

A 型：你是一个有着双重性格的人。你可以在某些人面前表露你的一种性格特质，但又可以在另一个环境或场合中表露另一种性格。你是一个很有心机的人，而且计划周详，别人对你感到难以揣测。

B 型：你是一个有着双重性格的人。你懂得在不同的场合和不同的生活圈子中表露最适合自己的一面，但却不会过分矫揉造作。事实上，你不会为了讨好别人而刻意地收敛或夸张自己的特质。

C 型：你不是一个有双重性格的人。你不会为了讨好别人，或为了迁就环境而刻意表露某种性格。也不懂得"说一套，做一套"和"笑里藏刀"等伎俩，是一个十分率直诚实的人。

D 型：你没有双重性格的特征。你的过分率直，更令人感到你的可爱和易于亲近；对于朋友，你绝对是一个十分讲义气、助人后不会计较的人。不过，你却要小心别人欺骗你。

心理视点

性格是心理的外在表现。一个人的心理表现同时具备多个"单元"，如勇敢、温柔等。每个单元又由"正"与"反"两个方面组成，如勇敢的反面是懦弱，温柔的反面是粗暴。通常情况下，这两个方面会有一面呈现出相对强势，这就是我们称之为性格的东西。

因为心理表现单元具有两面性，所以，具有明显性格特征的人，在少数或非常时候，也可能有不同平常的或者说与平常相反的心理表现。如，一个温柔的人被纠缠得急了，也会表现出其性格粗暴的一面，只是这一面在平时不是强势面罢了。

如果心理表现单元的两个面相对均势，就会表现出比如"不冷不热"和"时冷时热"的性格特征，后者大概就是所谓的双重性格了。双重性格应该是意识清楚的结果，否则，就是精神失控，那就不是双重性格问题了，而应该被送到精神病医生那里看看了。

海上奇遇测试性格缺陷

 **测试导语**

在人际交往中,你知道你的性格中潜藏着哪些缺陷吗?如果能够清楚缺点在哪里,并加以改进,你就会成为社交的高手。

 **测试开始**

当你在海上悠闲地乘着船时,突然从海里出现一只海豚,奇怪的是,它竟然会说人话。你认为它说哪一句话会最令你惊讶?

A. 这里有很多鲨鱼,要小心哦。
B. 这下面有很多宝物!
C. 现在我所说的话都是听来的……
D. 前面有个美丽的珊瑚礁!
E. 请别惊讶,我是被施了魔法才变成海豚的!
F. 对不起,请问现在几点了?

测试结果

选择A:你选择了让你知道危险的词句,可见你是个非常细心的人,粗心大意的错误很少会发生在你身上。至于麻烦别人的事当然会有,但通常都是别人先向你求助。正因为你过着精神紧张的生活,所以绝对不会饶恕吊儿郎当的人,你已变得很神经质了!这样是会被人讨厌的!所以建议你:对于他人的错误宽容些吧!

选择B:你有时挺糊涂的,不同程度的失误常一个接一个来,而且令人吃惊的是,你一直重蹈覆辙,你简直是个糊涂到家的人。虽然你给周围的人添了很多麻烦,但他们接触你之后,就已经看透了你的粗枝大叶,所以也能渐渐接受。你要努力对任何事都小心谨慎!

选择C:你是属于一不留神就容易造成"祸从口出"的人,常将别人的秘密说出来,或是用漫不经心的言语去伤害对方。虽然你没有恶意,但在得意忘形时,常会把话说得过分些,这种错误所带来的后果,是心理方面的伤害,所以非常严重。因此,你要养成深思熟虑之后再说的习惯,不要不经大脑就把话说出来。

选择D：选择悠闲对白的你，常会因粗心而犯错。因为你的个性很开朗，所以不管什么样的失误你都能应付自如。当然这也会给周围的人添麻烦，可是你都会以笑容来获得别人的谅解。但是，若光用撒娇来处理过失的话，总有一天你会闯出大祸的。

选择E：你是个很可靠的人，几乎没有粗心大意的毛病，但只要稍一放松，就会发生很大的过失。周围的人万万没想到你会发生问题，所以麻烦就特别大。所以在完成重要的事情之前，请特别注意放松的那一刻。

选择F：选择海豚询问时间的你，是属于对自己缺点了如指掌的人。你的失误是因为你很健忘，一会儿忘了会面的地点，一会儿又将皮包遗忘在火车上，这种失误总会有一两次吧！至于给周围的人所带来的麻烦则要视情况而定，但都比不上自己的损失大。如果你经常忘记一些事的话，就要养成做笔记的习惯！

性格缺陷对个人会产生三个方面的危害：
(1) 容易诱发多种心理疾病和心身疾病。
(2) 导致社会适应不良，尤其难以处理人际关系。
(3) 影响学习、工作的效绩和生活质量，影响个人前途。

性格缺陷的有效纠治方法是接受心理健康教育，及早发现并了解其可能产生的危害，及早接受心理咨询，进行心理训练。知晓自己存在性格缺陷，并自觉主动纠治，与不了解或否认自己有心理缺陷，其纠治效果和结局截然不同。因此，要想有效地纠治性格缺陷，本人必须具备四项条件：

(1) 高度自觉性。充分自知，配合训练，接受教育。

(2) 认真负责。本人必须抱着一丝不苟的态度，积极贯彻、彻底执行各种纠治措施。

(3) 严格要求。对于心理训练中提出的基本要求、训练项目、内容、方法、强度不能擅自增减或走样，要坚持到底。

(4) 信任原则。纠正性格缺陷如同治疗心理疾病一样，基本信条是"诚则灵，信则成"。一切有效措施和效果都是建立在本人对指导者信任的基础上。

宽衣解带测试你的性格

测试导语

美国佛罗里达州一位心理学博士指出,一个人"脱衣"的方式,可以显露出他们的性格。他指出好几种"脱衣习惯",来解释各种不同的性格。这套理论,用于自我分析较适合。

测试开始

来看看你最像下面的哪一种人?
1.常常慢条斯理,而且煞有介事的人。
2.脱衣速度快,有如狂风卷落叶的人。
3.一进门,便迫不及待地把鞋子踢掉的人。
4.衣服脱去后,散放在屋子每一个角落,从不收拾的人。
5.脱衣服时整齐而有条理,并把衣服折好或挂起的人。
6.女士们在卸妆时,经常先把佩戴的饰物除下,然后再"宽衣解带"的人。
7.脱衣的方式并无一定的"模式"或"程序",次次都不同的人。

评分标准

1.选"常常慢条斯理,而且煞有介事的人"。你是自信心和主观都非常强的人,且富于理智、聪颖过人,是所谓的知识分子典型。

2.选"脱衣速度快,有如狂风卷落叶的人"。你多数都能善解人意,容易接受别人的意见,忍耐能力也很强。

3.选"一进门,便迫不及待地把鞋子踢掉的人"。你充满自信,而且对自己目前的生活感到满足,不过满足终归是满足,但也不要忘记了关键时刻还要去奋斗。

4.选"衣服脱去后,散放在屋子每一个角落,从不收拾的人"。你性格外向而友善,周围会有不少朋友。

5.选"脱衣服时整齐而有条理,并把衣服折好或挂起的人"。你是个完美主义者,对任何事情都非常认真,绝不苟且。

6.选"女士们在卸妆时,如果经常先把佩戴的饰物除下,然后再'宽衣解带'的人"。你多半性格纯良温厚,思想深刻,同时敏感而又罗曼蒂克,和你在一起的人都会觉得轻松而开心。

7. 选"脱衣的方式并无一定的'模式'或'程序'，次次都不同的人"。你一定是个性独特且风趣的人。你会不断认识新的朋友，也喜欢追求不一样的生活。

 心理视点

可以用下列方法优化自己的性格：

(1) 在一周内，不管怎样，你要背诵30行诗句，因为诗句容易记住，在背诵诗句时，也可以优化自己性格。

(2) 每天要有一个主题，将注意力集中在这个主题上，时间持续5分钟。开始你也许会在内心里以为自己注意力分散，但你要忍耐着将注意力集中在一个目标上，如果每天坚持下去，一个星期之内，你的注意力就会得到明显改善。

(3) 请试着一整天不主动和人讲话，只回答别人的提问，如果有人和你说话，请心情愉快地回答他，然后闭上自己的嘴巴。因为沉默能培养你的涵养，提高你的自制能力。

(4) 在前一天晚上设计你第二天的活动，按30分钟为一阶段。

点菜可以知道你的性格

性格会在不知不觉中影响每个人日常的习惯或举动，点菜这件普通的小事情，一样可以透露你的性格秘密！

当你和朋友或其他人到了一间饭店或酒店里用餐时，你点菜时通常是：

A. 不管别人，只点自己想吃的菜

B. 点和别人同样的菜

C. 先说出自己想吃的东西
D. 先点好，再视周围情形而变动
E. 犹犹豫豫，点菜慢吞吞的
F. 先请店员说明菜的情况后再点菜

 测试结果

选A：你是个乐观、完全不拘小节的人。做事果断，但是否正确却难说。先看价格，再迅速做出决定的人是合理型的；选择自己想吃的人是享受型的；比较价格与内容后再决定的人，为人吝啬。

选B：你很可能是从众型的。你做事慎重，往往忽视了自我的存在，对自己的想法没有自信，常会顺从别人的意见。这种人是易受他人影响的人。

选C：性格直爽、胸襟开阔，难以启齿的事也能轻而易举、若无其事地说出来。你待人不拘小节。即使有时说话尖刻，也不会被人记恨。

选D：你是个小心谨慎，在工作和交友上易犹豫的人。此类型的人给人的印象是软弱的。想象力丰富，但太拘泥于细节，缺乏全局的意识。

选E：做事一丝不苟，安全第一。但你的谨慎往往是因为过分考虑对方立场所致。你能够真诚地听取别人的劝说，但不应该忘掉自己的观点。

选F：你自尊心强，讨厌别人的指挥，在做任何事之前，总是坚持自己的主张。做任何事都追求不同凡响。做事积极，在待人方面，重视双方的面子。

 心理视点

性格是一个人的处事风格与态度以及看事看人的观点看法的反映。它区别于气质，因为性格是后天形成的，是可以改变的。所以我们每个人都要完善自己的性格，克制自己的性格缺陷，努力使自己成为一个开朗、自信、积极、善良、公平以及独立性强的人。

检测你的被虐指数

测试导语

什么叫作被虐？一个人如果总是没有自己的主见，总是想等着别人对他发号施令才行动的话，这种人就有一定程度的被虐倾向。测试一下，看看你是否会变成这样的一种人。

测试开始

1．一个男孩独自去旅行，他先走到了一座山谷，看到岩石缝中开着一朵从未见过的花，不但鲜艳美丽，而且还闪闪发亮，男孩毫不犹豫地就把花摘下，你觉得男孩会如何处理这朵花？

　　A．小心呵护，希望让花尽量开得久一点

　　B．把花插在背包上装饰，直到它枯萎

　　C．觉得这朵奇花一定是上等补品，所以将花煮着吃

　　D．近看觉得这朵花其实没有那么美，而且花瓣上有一点瑕疵，于是把花随意就丢弃了

2．走着走着，男孩来到了海边，岸边正巧有一艘船，整体看起来完好无缺、配备齐全，而且附近没有任何一个人，你觉得男孩会有什么反应？

　　A．在船上思考了许久，还是放弃乘船出海去玩的念头

　　B．乘船到附近的海域小玩一阵之后，将船置于原位，继续旅程

　　C．二话不说，直接就乘船出海去遨游一番

　　D．看了几秒之后，就走开了

3．离开海边，男孩走到了一望无际的大草原，美好风光尽收眼底，这时草原上出现一只动物，你觉得是什么？

　　A．兔子

　　B．羊

　　C．牛

　　D．马

4．穿过美丽的草原，男孩到达最难熬的沙漠，放眼望去，除了沙子之外，什么都没有，而且高达40℃，让男孩觉得十分痛苦，你觉得此时的他有什么想法？

A．辛苦是预料中的事，觉得自己一定可以安全通过
B．虽然咬紧牙关继续往前走，但是一心只想着自己可能会就这样死在沙漠里
C．觉得好像高估自己的能耐而有点害怕，不过还是努力向前进
D．很想放弃旅行，直接叫人来拯救他

5．终于度过沙漠的痛苦期，男孩到了森林，见到许多不同形状的树木，觉得非常新鲜，更好玩的是他突然在一棵大树上看到树屋，你觉得树屋里住的是谁？
A．外星人
B．精灵
C．人
D．怪兽

6．奇幻之旅终于结束了，你觉得男孩在这趟旅行之中，最大的收获是什么？
A．对于新奇冒险的事更有兴趣了
B．长大要成为勇敢的男人
C．下次不要再做这么危险的事了
D．增长了很多知识和经验

评分标准

题号 答案　得分	1	2	3	4	5	6
A	0	1	0	3	2	2
B	1	2	1	1	1	3
C	2	3	2	2	3	0
D	3	0	3	0	0	1

测试结果

14分以上，被虐指数100%：你生性胆小、没主见，遇到不合理的状况也不会反抗，当然就只有等着挨揍被骂的分儿了，而且即使亲朋好友好劝歹劝，你还是脱离不了被虐的宿命，只能说你真是咎由自取。

9～13分，被虐指数70%：或许你不是天生就长得一副欠扁样，但是运气总是不好，一不小心倒霉之神就会找上你，不是容易遇到比你强势的人，

就是往往迫于情势所逼不得不低头，再加上你不懂得争取的混沌个性，当然就经常有被虐的机会了。

4～8分，被虐指数40%：基本上，你只有在生病、遭受挫折、遇到重大问题等头脑不清楚的时候，才可能被别人偶尔欺负一下。你没有盛气凌人的嘴脸，但也不是可以被人随意玩弄，你会要求应该有的尊严和权利。

3分以下被虐指数0%：精明干练、能屈能伸……所有不可能被虐的因素都集中在你身上，谁也别想动你一根汗毛，更重要的是你具有一流的自我保护功夫，兵来将挡、水来土掩；能躲的就不正面冲突、能得到的就不放弃，你深谙人性的优缺点，而且还运用自如。

心理视点

建议被虐指数100%的你：你生性胆小，没主见，所以在婚姻中一定要找一个温柔体贴、懂得疼惜你的人，否则后果请自行负责。

建议被虐指数70%的你：你还没到无药可救的程度，不妨多学习独立和自我思考。

建议被虐指数40%的你：你必定要与和你一样理性的人在一起，才能在自己处于弱势的时候，让对方保护你。

建议被虐指数0%的你：人有时候太过聪明也不见得是一件好事，时时处于紧绷状态的你，若能与一个笑话说不完、快乐用不尽的乐天派，势必会有很好的互补作用，会让你的人生轻松许多。

你是一个乐观的人吗

测试导语

你是个乐观主义者还是个悲观主义者？你是透过亮丽的镜子还是透过灰暗的镜子来看待人生？做完这套试题，你就明白了。不过明了自己性格的人们要记住：乐观者切勿过于冒险而多了祸事，悲观者切勿过于保守而少了进取。下面的问题只要答"是"或"否"。

第二章 不可不察的性格奥秘

 **测试开始**

1. 如果半夜里听到有人敲门，你会认为那会是坏消息，或是有麻烦发生了吗？
2. 你随身带着安全别针或一条绳子，以防衣服或别的东西裂开了吗？
3. 你跟人打过赌吗？
4. 你曾梦想过中了彩票或继承一大笔遗产吗？
5. 出门的时候，你经常带着一把伞吗？
6. 你会用收入的大部分用来买保险吗？
7. 度假时你曾经没预订宾馆就出门了吗？
8. 你觉得大部分的人都很诚实吗？
9. 度假时，把家门钥匙托朋友或邻居保管，你会把贵重物品事先锁起来吗？
10. 对于新的计划你总是非常热衷吗？
11. 当朋友表示一定会还钱时，你会答应借钱给他吗？
12. 大家计划去野餐或烤肉时，如果下雨你仍会按原计划行动吗？
13. 在一般情况下，你信任别人吗？
14. 如果有重要的约会，你会提早出门以防塞车、抛锚或别的情况发生吗？
15. 每天早上起床时，你会期待美好一天的开始吗？
16. 如果医生叫你做一次身体检查，你会怀疑自己有病吗？
17. 收到意外寄来的包裹时你会特别开心吗？
18. 你会随心所欲的花钱，等花完以后再发愁吗？
19. 上飞机前你会买旅行保险吗？
20. 你对未来的生活充满希望吗？

 **评分标准**

每道题答"是"得1分，答"否"得0分。

测试结果

0～7分：你是个标准的悲观主义者，总是看到人生不好的那一面。身为悲观主义者，唯一的好处是你从来不往好处想，所以很少失望过。然而以悲观的态度面对人生，却有太多的不利。你随时会担心失败，因此不愿去尝试新的事物，遇到困难时，你的悲观会让你觉得人生灰暗。解决这一问题的唯一办法，就是以积极的态度来面对每一件事和每一个人，即使偶尔会感到失望，但你会增加信心。

8～14分：你对人生的态度比较正常。不过你仍然可以再进步，只要你学会以积极的态度来面对人生的起伏。

15～20分：你是个标准的乐观主义者。总是看到人生好的一面，将失望和困难摆到一旁，不过过于乐观也会使你对事情掉以轻心，反而会误事。

 心理视点

　　开朗乐观既是一种心理状态，也是一种性格品质。调查显示，开朗乐观的人不仅较为健康（如癌症罹患率明显低于悲观抑郁者），而且婚姻生活较为幸福，事业上也较易获得成功。用乐观的态度对待人生就要微笑着对待生活，微笑是乐观击败悲观的最有力武器。无论生命走到哪个地步，都不要忘记用自己的微笑看待一切。微笑着，你才能征服纷至沓来的厄运；微笑着，你才能将不利于自己的局面一点点打开。

你有自恋的倾向吗

 测试导语

　　你有没有见过有些人整天拿着镜子左照右照、百照不厌？同这种人交往就要小心，因为他可能爱自己甚于爱别人。想知道自己有没有潜伏的自恋倾向吗？请做下面的测试！

 测试开始

1. 在商店里，见到3款镜子，你会买以下哪一款？
   A. 圆形没图案的
   B. 四方形净色的
   C. 有花绕边的

2. 公司每年夏天都会举办不同的活动，你会选择以下哪一项？
   A. 滑水比赛
   B. 潜水比赛

C．滑浪风帆比赛

3．你照镜时喜欢从哪个角度望自己？
A．正面半身
B．正面全身
C．侧面全身

4．逛街时，你朋友说去买彩票，等他之际，你会做什么时候？
A．拿本小说出来看
B．从铺头的镜中望一下自己
C．观察路人的一举一动

5．如果要你身上有一部分必须是红色，你会选择以下哪一项？
A．鞋
B．背心
C．皮带

6．你说话时会惯性触摸自己身体的哪一部位？
A．头发
B．脸
C．手指

7．如果去国外旅行，你会选择以下哪一项活动？
A．爬山
B．购物
C．洗温泉

8．你有没有偏食的习惯？
A．没有
B．少许偏食
C．严重挑食

9．你喜爱养以下哪一种宠物？
A．猫
B．狗
C．兔

10．进了地铁，才想起手机忘在家里，你会：
A．下一站下车回家去拿
B．问同事借来用
C．没带就算了

评分标准

答案 题号 得分	1	2	3	4	5	6	7	8	9	10
A	3	5	3	3	3	1	3	1	5	5
B	1	1	4	4	4	3	1	3	3	3
C	5	3	1	1	1	5	5	5	1	1

测试结果

31～50分（自恋度100%）：完美无瑕的生活是你一直渴望的。对人对己你的要求十分高。你对自己的外貌、身材、才学等方面都十分有自信，认为没人能比得起你，甚至认定自己是没有缺点的人。从不怀疑自己的思想言行，觉得自己所做的一切都是理所当然的。在爱情道路上，你的另一半会爱得很痛苦，因为你是一个以己为先，爱自己甚于他人的人。

21～30分（自恋度50%）：此类型的人可以说是最正常不过的。你也许有时会自恋一番，但这种心理反应每个人也总会有的。自恋的程度也为人所接受。至于恋爱方面，由于你懂得适度表现自己美的一面，自然而不造作，令情人因此而感到骄傲。

10～20分（自恋度0%）：你对自己没有信心。表面上，你是一个普通的人，没有自恋倾向，但其实你经常希望在人面前有表现自己的机会，可惜自己却不争气，因而产生顾影自怜的感觉。但放心，这只是一个过程，这种心理障碍很快会消失。最重要的是学习如何正确面对现实。

心理视点

正常人都保持有一定程度的自恋与自爱，这样他们在待人接物、涉身处世时就能做到自尊自爱。"己所不欲，勿施于人"，指的就是他们的人生观。而过分的自恋会表现为以自我为中心和过分的自夸与自尊，比如常常幻想自己了不起，认为自己有才学、身材好、容貌美。好像世界小组非她莫属；喜欢对镜自怜，喜欢成为众人瞩目的焦点；只喜欢听阿谀奉承，听不得半点不同意见，只知以极端的眼光看待别人，毫不体谅和关心他人的劳苦与难处。心理学家把他们称为自恋型人格障碍，这些人在事业、爱情和一般人际关系上都处理不好，不合群，不近情理，时时处处为自己打算，只顾自己不顾他人，价值观往往与社会道德相悖。所以，我们要自爱，但切忌过分自恋。

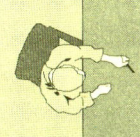

第三章
关注左右你的情感之源
——探寻和挖掘你的情绪能量

你属于哪种情绪类型

 测试导语

在日常生活中，人们在多大程度上受理智的控制，又在多大程度上受情绪的支配？在这方面，人与人之间存在很大差异，这里面气质（主要是遗传）、性格、情绪（心理学家称之为"觉醒水平"）、阅历、修养等都起着作用。我们只有认清自己情绪的力量，发挥理性的控制，才能实现情绪反应与表现的均衡适度，确保情绪与环境相适应。本测试将帮助你在这方面确定自己的位置。下面有30道情绪自测题，每题有A、B、C三个选项，请你仔细阅读，弄清楚每一道题的意思，然后以最快的速度诚实作答，每题只选一项。

 测试开始

1. 你在看电影时会哭或觉得想要哭吗？
 A. 经常
 B. 有时
 C. 从不

2. 在咖啡店里要了杯咖啡，这时发现邻座有一位姑娘在哭泣，你会怎样？
   A. 想说些安慰话，但却羞于启齿
   B. 问她是否需要帮助
   C. 换个座位远离她

3. 一个刚相识的人对你说了一些恭维话，你会怎样？
   A. 感到窘迫
   B. 谨慎地观察对方
   C. 非常喜欢听，并开始喜欢对方

4. 遇到朋友时，你经常怎么做？
   A. 点头问好
   B. 微笑、握手和问候
   C. 拥抱他们

5. 对于信件或纪念品，你会如何处理？
   A. 刚刚收到就无情地扔掉
   B. 保存多年
   C. 两年清理一次

6. 在朋友家聚餐，朋友和其爱人激烈地吵了起来，你会怎样做？
   A. 觉得不快，但无能为力
   B. 立即离开
   C. 尽力劝和

7. 如果让你选择，你更愿意：
   A. 同许多人一起工作并亲密接触
   B. 和少许人一起工作
   C. 独自工作

8. 同一个很羞怯或紧张的人说话时，你会：
   A. 因此感到不安
   B. 觉得逗他说话很有趣
   C. 有点生气

9. 在一场特别好的演出结束后，你会：
   A. 用力鼓掌
   B. 勉强地鼓掌
   C. 鼓掌，但觉得很不自然

10. 一位朋友误解了你的行为，并且正在生你的气，你会怎样？
    A. 尽快联系，做出解释

B．等朋友自己清醒过来

C．等待一个好机会再联系，但对被误解的事不做解释

11．你曾毫无理由地感到害怕?

A．经常

B．偶尔

C．从不

12．你喜欢的孩子是下列哪一种?

A．很小而且有些可怜巴巴的

B．长大了些的

C．能同你谈话，并且形成了自己的个性的

13．当你为解闷而读书时，你喜欢：

A．读史书、秘闻、传记类

B．读历史小说、社会问题小说

C．读科幻小说、荒诞小说

14．去外地时，你会：

A．为亲戚们的平安感到高兴

B．陶醉于自然风光

C．希望去更多的地方

15．如果在车上有陌生人要你听他讲自己的经历，你会怎样?

A．显示你颇有兴趣

B．真的很感兴趣

C．打断他，做自己的事

16．你是否因内疚或痛苦而后悔?

A．是的，一直很久

B．偶尔后悔

C．从不后悔

17．你是否想过给报纸的专栏写稿?

A．绝对没想到

B．有可能想过

C．想过

18．当被问及私人问题时，你会怎样？

A．感到不快和气愤，拒绝回答

B．平静地说你不愿意回答

C．虽然不快，但还是回答了

19. 你怎样处置不喜欢的礼物？
A. 立即扔掉
B. 热情地保存起来
C. 藏起来，仅在赠者来访时才摆出来

20. 你对示威游行、宗教仪式的态度如何？
A. 冷淡
B. 感动得流泪
C. 感到窘迫

21. 一只迷路的小猫闯进你家，你会：
A. 收养并照顾它
B. 扔出去
C. 想给它找个主人，找不到就让它安乐死

22. 你在怎样的情况下会送礼物给朋友？
A. 仅仅在新年和生日
B. 全凭兴趣
C. 觉得有愧或有求于他们时

23. 如果你因家事不快，上班时你会：
A. 继续不快，并显露出来
B. 工作起来就把烦恼丢在一边
C. 尽量理智，但仍因压不住火而发脾气

24. 你对恐怖影片态度如何？
A. 不能忍受
B. 害怕
C. 很喜欢

25. 爱人抱怨你花在工作上的时间太长了，你会怎样？
A. 解释说这是为了你们两人的共同利益，然后，仍像以前那样去做
B. 试图把时间更多地花在家庭上
C. 对两方面的要求感到矛盾，并试图使两方面都让人满意

26. 生活中的一个重要关系破裂了，你会：
A. 感到伤心，但尽可能正常生活
B. 至少在短时间内感到心痛
C. 无法摆脱忧伤的心情

27. 以下哪种情况与你相符？
A. 很少关心他人的事

B．关心熟人的生活

C．爱听新闻，关心别人的生活细节

28．下面哪种情况与你最相符？

A．十分留心自己的感情

B．总是凭感情办事

C．感情没什么要紧，结局才最重要

29．看到路对面有一个熟人时，你会：

A．走开

B．招手，如对方没有反应就走开

C．走过去问好

30．当拿到母校的一份刊物时，你会：

A．通读一遍后扔掉

B．仔细阅读，并保存起来

C．不看就扔进垃圾桶

评分标准

选项\题号	1	2	3	4	5	6	7	8	9	10	11	12	13	14	15	累计得分
A	3	2	2	1	1	2	3	2	3	3	3	3	1	1	2	
B	2	3	1	2	3	1	2	3	1	1	2	1	2	3	3	
C	1	1	3	3	2	3	1	1	2	2	1	2	3	2	1	

选项\题号	16	17	18	19	20	21	22	23	24	25	26	27	28	29	30	累计得分
A	3	1	3	1	1	3	1	3	2	1	2	1	2	1	2	
B	2	2	1	3	3	1	3	1	3	3	3	2	3	2	3	
C	1	3	2	2	2	2	2	2	1	2	1	3	1	3	1	

测试结果

30～50分：理智型。很少因什么事而激动，表现出很强的克制力甚至冷漠；对他人的情绪缺乏反应，感情生活平淡而拘谨，因此常会听到别人在背后说你"冷血动物"。你需要松弛自己。

51～60分：平衡型。情绪基本保持着感性但不感情用事，克制但不过于冷漠的状态。即使在很恶劣的情绪下握起拳头，也仍能从冲动的情绪中摆脱出来，因此，很少与人争吵；感情生活十分轻松、愉快。

70～90分：冲动型。非常情绪化，易激动，反应强烈；往往十分随和、热情，或者感情脆弱、多愁善感；常会陷入那种短暂的风暴似的感情纠纷，因此，麻烦百出；别人若想劝你冷静，是件很难的事。这里有必要提醒你，一定要克制自己。

心理视点

情绪是人与生俱来的一种心理反应，如喜、怒、哀、乐，易随情境变化。如果不能很好地调节并保持情绪平稳，你势必会陷入痛苦的泥潭之中。如何调节自己的情绪，以下是专家提的几点建议：

(1) 尊重规律。我们的情绪与身体内在的"生活节奏"有关。因此不同的时段要做不同的事情，比如早晨可做相对烦琐的工作，而下午不宜处理杂事。

(2) 保证睡眠8小时左右。

(3) 亲近自然。

(4) 经常运动。

(5) 合理饮食。

(6) 积极乐观。

你有抑郁症倾向吗

测试导语

抑郁症是极为常见的心理疾病，是一种以显著的心境低落为主要特征的精神障碍，并伴有相应的思维行为改变。抑郁症患病人数占世界人口的5%左右，其中自杀率高达12%～14%，位居各类心理和精神障碍之者，号称"第一心理杀手"。你有抑郁症倾向吗？请做下面的测试，只需做出"是"或"否"的回答即可。

测试开始

1. 你对任何事物都不感兴趣。

2. 你容易哭泣。
3. 你觉得自己是一个失败者，一事无成。
4. 你常常生气而且容易激动。
5. 你不想吃东西，没有食欲，感觉不出任何味道。
6. 即使家人和朋友帮助你，你仍然无法摆脱心中的苦恼。
7. 你感到精力不能集中。
8. 即使对亲近的人你也懒得说话。
9. 你常无缘无故地感到疲乏。
10. 你觉得无法继续你的日常学习与工作。
11. 你常因一些小事而烦恼。
12. 你感到自己的精力下降，动作减慢。
13. 你感到受骗、中了圈套或有人想抓住你。
14. 你感到做任何事情都很困难。
15. 你感到情绪低沉、压抑。
16. 你感到活着还不如死了好。
17. 你感到很孤独。
18. 你感到前途没有希望。
19. 你常感到害怕。
20. 缺乏自信，总觉得自己什么都不好。
21. 你觉得自己的话越来越少。
22. 在清晨和上午常觉得心情极差。
23. 没有心思看电视、报纸、书籍，干什么都高兴不起来。
24. 你经常责怪自己。
25. 你感到很苦闷。
26. 你晚上睡眠不好，常常失眠或很早就醒来。
27. 这段时间你一直处于愤怒和不满状态。
28. 你觉得人们对你不太友好。
29. 你认为如果你死了别人会生活得好些。
30. 你感到自己没有什么价值。

评分标准

回答"是"计1分，回答"否"计0分，然后计算总分。

测试结果

0～4分：你的心理基本正常，没有抑郁症状。

5～10分：你有轻微的抑郁症状，可采取自我心理调节，保持乐观开朗的心境。

11～20分：你属于中度的抑郁，要找医生咨询，并进行必要的诊疗。

21～30分：你精神明显抑郁，症状非常严重，你应该请医生给你治疗，同时应进行精神上的自我训练，让自己及早从消极、压抑的情绪中解脱出来。

心理视点

抑郁症是一种常见的情绪障碍性疾病，发病的主要原因是当前社会生活节奏紧张、竞争激烈，从而导致生活和工作压力加大，使心理的负担越来越重，人格个性方面出现多愁善感、思考问题极端、过于追求完美、不善于表达情感等情况。抑郁症表现在身体上的症状，一般为睡眠障碍、疼痛、乏力、胃部不适、食欲欠佳、心慌气急等。对付抑郁症的策略：

(1) 注意睡眠、饮食、运动。
(2) 明确你的价值和目标。
(3) 将欢乐带入工作和生活中。
(4) 建立可靠的人际关系。

你容易产生羞怯情绪吗

测试导语

现实生活中，害羞的未必都是未成年人。据心理学家研究，大约有40%左右的成年人存在不同程度的害羞表现。你容易产生羞怯情绪吗？做完下面的测试，就知道了。

测试开始

1. 一次小型聚会上你看见一位吸引你的异性，你会：
A. 走上前去自我介绍
B. 请朋友引见

C. 希望他（她）能够注意你

2. 从店里买回一件新的服装，何时你开始穿？
A. 回家就换上
B. 买回来先放着，直到家人催促才穿，或在有限的小范围内试穿
C. 一直等到周围有人穿上同款的服装才穿出去

3. 你知道朋友的家就在这条街的某一段上，可是门牌号记不清了，这时你会：
A. 按响门铃打听清楚，说不定就碰对了
B. 找电话亭给朋友打电话询问一下
C. 在街口慢慢一家家找

4. 上司派你去车站接客人，告诉了你那个人的姓名及外貌特征。你在出站口的人流中看到这样一个人，这时你会：
A. 大步上前加以证实
B. 把写着"接XX"的牌子在他的视线内晃动希望引起他注意
C. 站在一边，直到其他旅客走光，确定他也在等人再去招呼他

5. 进入一个全是陌生人的房间时，你会：
A. 毫不犹豫地走进去
B. 犹豫半天才跨进去
C. 一直等有其他人来，才随着一起进去

6. 一年一度的业余合唱节到了，你是合唱队成员之一，指挥给队员排位置，你希望被排在：
A. 第一排中间观众视线的焦点上
B. 随便哪儿，只要不是中间就行
C. 被队员遮挡的后排

7. 在聚会上，有位你并不相识的异性一直凝视你，你会：
A. 同样方式回报他（她）
B. 扫对方一眼又装作未察觉掩饰过去
C. 微微低头或将脸扭开

8. 你和家人去餐馆吃饭，无意中发现邻座坐着大名鼎鼎的钢琴家，你会：
A. 自然地走到他桌前搭讪
B. 在家人的鼓动下，鼓足勇气上前提出你的请求
C. 极想上去请他签名，但只是局促地坐着不动

9. 如果你的上级要你对他直呼其名而不是称呼其头衔，你会感到：
A. 很高兴

B. 无关紧要
C. 有点不习惯

10. 家里来了一位你从未见过的客人，你会：
A. 轻松地进行攀谈
B. 开始有点紧张，后来就好了
C. 一直担心自己举止失当

11. 在日常例会上，你有个不同想法想谈，你会：
A. 站起来侃侃而谈
B. 会后向有关人员私底下提出
C. 希望会场中有人代你提出

12. 过节时学校搞联欢会，班主任委托你做节目主持人，这时你会：
A. 欣然接受
B. 答应试试，但心里有点打鼓
C. 觉得不可想象，坚决推掉

 评分标准

选 A 得 1 分，选 B 得 3 分，选 C 得 5 分，将得分汇总。

 测试结果

12～22分：你是个十分自信的人，很少拘谨，这使你能捕捉到许多施展才华的机会。你必须注意分寸感，以维护自己的形象。

23～46分：你是个羞怯度中等的人，这会给你做事造成些障碍，但多数情形下事情会发生转机。如果处理得当，它反而会成为你惹人喜爱的因素之一。

47～60分：你的羞怯心理较重，对自己缺乏信心，不喜欢公开亮相，无意与他人竞争，很不善于交际；另一方面，你勤于思考、机敏，为人谨慎，凡事为他人着想，这些都是你的长处。建议你不必对自己过分苛刻，也不必把周围的人看得太高，事实上每个人都有长处，也都有短处，你也拥有别人所缺乏的东西。关键是要善于鼓励自己，善于扬长避短，你也许不适合领导他人，但却是很好的合作伙伴。

心理视点

害羞完全是一种消极的心理状态,必须加以克服。如何克服害羞的心理呢?

(1) 要正确认识自己,树立自信心。在日常工作和生活中,应多考虑自己要怎么做,要如何进取;在各种场合,应顺其自然地表现自己,不要老是考虑别人会怎样看待自己或自己应该怎样迎合别人;相信自己在别人心目中的形象并不差。

(2) 要勇于同别人交往,可以进行一些社交技巧的训练。不要惧怕他人,勇敢地用眼睛直视别人,并且表现得很专心。一定要改变老是回避别人的视线,只是盯着一个地方或是自己脚尖的习惯。

(3) 在学习和工作中学会克制自己的忧虑情绪,凡事尽可能往好的方面想,多看积极方面,少考虑不利的方面。对自己的弱点不要过分注意,要多想自己的长处,相信自己,增加信心,就不会畏首畏尾了。有些场合,要主动发言,多谈些自己的意见。

(4) 当你和别人在一起的时候,无论正式或非正式的聚会,应该记得手上握住一件东西,如一本书、一块手帕或其他的小东西。这样可产生一种比较舒服和安全的心理效应,从而有助于消除紧张和羞怯感。

(5) 容易害羞的人往往心理自卫意识比较强,应经常做一些松弛锻炼,以增强神经系统的平衡功能。可练习做些克服羞怯的运动,将两脚平稳地立在地上,然后轻轻地把脚跟提起,再放下,每天这样做2～3次,每次做10～20下,有助于消除心情不定的感觉,给你以充分自信和一种新颖的情绪。

你高度敏感吗

 **测试导语**

多思、敏感是很多人共同的正常心理特征,但是如果过于敏感,不但对自己的情绪有所影响,还会引起神经衰弱,对健康造成伤害。了解自己的敏感度,从下面的心理测试开始。在每题后选择"是"、"否"或"两者之间"3种可能性。

 **测试开始**

1. 你叙述了一件亲身经历的事给家人听,大家觉得有点难以置信,一笑

了之。这时你会继续举出一系列的证据务必要大家相信那是真实的吗？

2．你坐在客厅读报，忽然发现从窗户射进的一束光中无数小灰尘在上下飞舞，你是否马上感到呼吸有障碍，移到远离光束的地方？

3．乘坐地铁时，与一个陌生人同座，你看到她用手背触了一下鼻尖，你会疑心她在嫌弃你的气味吗？

4．一次你在街上碰到一位同事与人且谈且行。你隔着一段距离朝他热情地打招呼，他没有马上做出反应，你是不是会想："他为何这般当众羞辱我，难道我得罪他了吗？可恶。"

5．你是否宣称自己厌恶飞短流长的长舌妇，不久却从你那儿传播出关于某人的谣言呢？

6．你是否为证明你的社会地位丝毫不差于某些人，而在服饰、娱乐等方面的花销超出自己的经济能力？

7．你平生第一次坠入爱河，视情侣为心中神圣的偶像。有一天，忽然发现他（她）竟做出十分庸俗的事，你会感到幻想的破灭，并决定抛弃恋人吗？

8．哪怕与最好的朋友辩论，你也始终认为自己是正确的，对方不过是"歪理也要缠三分"，是吗？

9．你为别人提供服务或帮助，是否常常怨人家对你酬谢微薄？

10．老同学聚在一起聊天，你发表了一番对当前国际形势的看法。一个与你关系很好的同学对你的宏论颇不以为然，随口说，这都是外行话。你当时不露声色，回去以后就决定与他断交，会这样吗？

11．别人指出你事情处理不妥，你是否会找许多理由加以申辩？

12．同事们议论一下不在场的熟人，你把你所了解的情况大肆渲染了一番。但事后颇感有愧，于是再见到他时便着意表现你对他的好感，是这样吗？

13．你的一位朋友平日与你过从甚密，但因意志薄弱，做了件对你不太好的事。你是否会毫不容忍、声色俱厉地指责他的过失，表现你的憎恶情绪呢？

14．你是否喜欢向人不厌其烦地详细叙述你遭遇到的一件小事情？

 **评分标准**

每道题答"是"得10分，答"否"得0分，"两者之间"得5分。据此为你自己打分，算出总分。

测试结果

100分以上：为过分敏感者，你神经异常敏锐，感受性又很强，他人的亲切和恩情，或外界的冷酷，都会在你心中烙下不可磨灭的印记；目睹黑暗与残酷，同等情况的你比别人受到的打击要强烈得多，你的反应也因此异乎寻常的激烈。你与人相处很辛苦，你将他人一些与自己毫不相干的言行看作不利于己的动作，经常处于紧张的警戒中。这会引起周围人对你的厌倦和反感，因为你使所有人感到紧张。如果你不设法改善，恐怕就真的要"不利于己"了。

60～99分之间：属敏感性中等者，比起"过敏"者，你受伤害的机会少多了，你的戒备心理也小多了，不过你仍高于一般人的敏感程度；有时，你偶尔会显出一丝神经质。不要紧，学会漠视一些东西，情况会好起来的。

59分以下：是敏感程度较轻者，也许是造化使然，敏锐的感受力与你无缘，同时也替你屏蔽了不少世间的苦难与伤害，你比他人活得更幸福。

心理视点

高度敏感的人有两个最主要的特点：一是容易兴奋，对刺激极为敏感，表现为多疑、敏感、偏见、固执、易激动、爱生气、脾气古怪；二是容易疲劳，特别是在看书、学习、写作等脑力劳动时更明显，表现为记忆力减退、头脑昏沉、注意力不集中。为了消除这种敏感，建议大家做好以下工作：

(1) 学会相信自己。不要以别人的评价为转移，以别人的好恶为是非。如果别人以异样的眼光盯着你时，你不必局促不安，也不必神情窘迫，唯一的办法是——用你的眼波接住对方的眼波，久而久之，你就会发现自己就是自己，可以自如地生活在千万双眼睛织成的人生网格里。

(2) 不计较小事。每天生活中、人际交往中的矛盾、冲撞，甚至冲突，都是无法避免的。有些小事发生了，也就把它当作雨过天晴了。如果一个人被生活中的烦琐小事牵着鼻子走，人也会变得琐碎，不仅不讨人喜欢，也会使自己烦恼。

(3) 认识自己，善待自己。要认识到自己不能代替别人，别人也不能代替自己；别人不会事事赛过自己，自己也不可事事出人头地。要有宽阔的胸怀，敢于公开自己的优缺点，而不尽力去遮掩一切；要有"走自己的路，让别人说去吧"的勇气。

(4) 充实业余时间。参加集体娱乐或读点你自己感兴趣并有益的书籍。当有"敏感"干扰时，即用松弛身心的办法来对付。可进行自我暗示，转移注意力，如转移话题。另外，坚持经常性的体育锻炼，也有助于防止"心理过敏"现象的发生。

你是个易冲动的人吗

 **测试导语**

古人说"祸从口出",我们也常常会在盛怒或是不经意间,就说出一些伤害朋友的话。你是个容易冲动的人吗?这个测验,可以让你发现自己的一些容易冲动的盲点,然后便可设法去改善。

请从第 1 题开始问答,选出你较喜欢的选项,再依指示继续回答。

 **测试开始**

1. 你是否喜欢游泳呢?
A. 不喜欢,其实我有一点儿怕水——请回答第 2 题
B. 喜欢,游泳是唯一能让全身都活动的运动——请回答第 3 题

2. 如果你必须找人问路,你会选择:
A. 同性或是年纪大的人来问路——请回答第 4 题
B. 不会特定,或是找长相好的异性来问路——请回答第 5 题

3. 如果你正要出门,碰巧遇到下大雨,你会:
A. 还是出门,难得老天爷掉眼泪——请回答第 4 题
B. 算了,干脆等雨停了再出去好了——请回答第 7 题

4. 夏天天气实在太热了,这时一瓶清凉的饮料出现在你面前,你会:
A. 当然是一口气把它喝完、喝干——请回答第 8 题
B. 还是慢慢喝,总有喝完的时候——请回答第 6 题

5. 如果不小心让你遇上一场血淋淋的车祸,你可能:
A. 会有点不舒服,可还是会继续看——请回答第 6 题
B. 会感觉恶心,掉头就走,不会看下去——请回答第 7 题

6. 如果经济能力许可,你会选择怎样的穿着?
A. 会买好一点的衣服,但不会刻意追求名牌——请回答第 9 题
B. 应该会买名牌,那毕竟质感好且较有保障——请回答第 10 题

7. 你是否有常常忘记钥匙放在哪里或忘了带的习惯?
A. 有,感觉上次数还不少——请回答第 9 题

B．几乎很少，平时会特别留意——请回答第 11 题

8．你是不是曾经为自己的梦中情人出现恋情而难过不已？
A．心真的很痛，没想到他（她）竟然就这么被"抢"走了——请回答第 9 题
B．还好，一开始就知道彼此不可能，影响应该不会太大——请回答第 10 题

9．你自己本身是否有美术天分呢？
A．没有，不是美术白痴就不错了——A 型
B．有，虽然没受过训练，但总觉得有那样一份美感——请回答第 10 题

10．你看电视时，是否很容易就跟着入戏？
A．是啊，明知道是假的却还是哭得稀里哗啦的——C 型
B．还好，要感动我的戏剧其实并不多——请回答第 11 题

11．独自一个人住在外面，你在家里会穿什么样的衣服呢？
A．反正没人知道，什么样的衣服都无所谓——B 型
B．不会太随便，还是会维持一下形象——D 型

测试结果

A 型的人：很小心的人。你是一个很小心的人，事事谨慎的你在做决定的时候会细细考虑，结果就是因为想太多了，连该做的事都没去做。这样的你冲动指数不高，受人影响的指数却不低，所以极有可能会在旁人怂恿下做出意想不到的事。

B 型的人：外冷内热的人。你是一个外冷内热的人，当你与不认识的人相识时，会给人一种严肃感。一旦认为对方可以信任的时候，你甚至会将家中私事告诉对方。小心，这种"熟悉就会让你变得冲动"的血液可能会让你受骗上当。

C 型的人：活泼开朗的阳光型人物。你是一个活泼开朗的阳光型人物，拥有乐于助人的个性。由于你常常会在不知不觉中将一些不该说的话脱口而出，久而久之，朋友们会认为你挺冲动的，还是守口如瓶比较好。

D 型的人：很善于思考的人。你是一个很善于思考的人，你的言行举止都是经过思考的，即使有人想要陷害你也很难。这样的你，冲动指数非常低，是个值得信赖的朋友。只不过，防御心强的你看起来朋友虽然多，却比较缺少谈心的对象。

心理视点

冲动是指由外界刺激引起的、突然爆发的、缺乏理智而带有盲目性、对后果缺乏清醒认识的行为缺陷。冲动靠激情推动，带有强烈的情绪色彩。其行为缺乏意识能动调节作用，因而常表现为感情用事、鲁莽行事，既不对行为的目的做清醒的思考，也不对实施行为的可能性做实事求是的分析，更不对行为的消极影响和不良后果做理性的评估和认识，结果往往追悔莫及，甚至铸成大错，遗憾终生。可见，我们遇事千万不要冲动，要先进行理性的思考，再做定夺！

你有安全感吗

测试导语

是否有安全感是衡量一个人心理健康与否的重要因素之一。美国著名的人本主义心理学家马斯洛结合自己长期的心理咨询临床经验，编制了"安全感—不安全感问卷"，它包括75个题目。

本测试用于了解不同的个体所具有的心理特征，因此，每道题的答案没有是非、好坏之分，你不必有任何的顾虑。请你看清楚每一道题的意思，根据自己的实际情况和真实想法，以最快的速度诚实作答。

测试开始

1. 通常，我更愿与人待在一起，而不是独处。
   A. 是　　　　　B. 不确定　　　　　C. 否

2. 在社交方面我感到轻松。
   A. 是　　　　　B. 不确定　　　　　C. 否

3. 我缺乏自信。
   A. 是　　　　　B. 不确定　　　　　C. 否

4. 我感到自己已经得到了足够的赞扬。
   A. 是　　　　　B. 不确定　　　　　C. 否

5. 我经常感到对世事不满。
A. 是　　　　　　B. 不确定　　　　　C. 否

6. 我感到人们像尊重他人一样地尊重我。
A. 是　　　　　　B. 不确定　　　　　C. 否

7. 一次窘迫的经历会使我在很长时间内感到不安和焦虑。
A. 是　　　　　　B. 不确定　　　　　C. 否

8. 我对自己感到满意。
A. 是　　　　　　B. 不确定　　　　　C. 否

9. 一般说来，我不是一个自私的人。
A. 是　　　　　　B. 不确定　　　　　C. 否

10. 我倾向于通过逃避来避免一些不愉快的事情。
A. 是　　　　　　B. 不确定　　　　　C. 否

11. 当我与别人在一起时，我常常会有一种孤独的感觉。
A. 是　　　　　　B. 不确定　　　　　C. 否

12. 我感到生活对我来说是公平的。
A. 是　　　　　　B. 不确定　　　　　C. 否

13. 当朋友批评我时，我是可以接受的。
A. 是　　　　　　B. 不确定　　　　　C. 否

14. 我很容易气馁。
A. 是　　　　　　B. 不确定　　　　　C. 否

15. 我通常对绝大多数人都是友好的。
A. 是　　　　　　B. 不确定　　　　　C. 否

16. 我经常感到活着没有意思。
A. 是　　　　　　B. 不确定　　　　　C. 否

17. 一般说来，我是一个乐观主义者。
A. 是　　　　　　B. 不确定　　　　　C. 否

18. 我认为我是一个相当敏感的人。
A. 是　　　　　　B. 不确定　　　　　C. 否

19. 一般说来，我是一个快活的人。
A. 是　　　　　　B. 不确定　　　　　C. 否

20. 通常，我对自己抱有信心。
A. 是　　　　　B. 不确定　　　　C. 否

21. 我常常感到不自然。
A. 是　　　　　B. 不确定　　　　C. 否

22. 我对自己不是很满意。
A. 是　　　　　B. 不确定　　　　C. 否

23. 我经常情绪低落。
A. 是　　　　　B. 不确定　　　　C. 否

24. 当我与每个人第一次见面时，常常感到对方可能不会喜欢我。
A. 是　　　　　B. 不确定　　　　C. 否

25. 我对自己具有足够的信心。
A. 是　　　　　B. 不确定　　　　C. 否

26. 通常，我认为大多数人都是可以信任的。
A. 是　　　　　B. 不确定　　　　C. 否

27. 我认为，在这个世界上我是一个有用的人。
A. 是　　　　　B. 不确定　　　　C. 否

28. 一般说来，我与他人相处很融洽。
A. 是　　　　　B. 不确定　　　　C. 否

29. 我经常为自己的未来发愁。
A. 是　　　　　B. 不确定　　　　C. 否

30. 我感到自己是坚强有力的。
A. 是　　　　　B. 不确定　　　　C. 否

31. 我很健谈。
A. 是　　　　　B. 不确定　　　　C. 否

32. 我有一种自己是别人的负担的感觉。
A. 是　　　　　B. 不确定　　　　C. 否

33. 我在表达自己感情方面存在困难。
A. 是　　　　　B. 不确定　　　　C. 否

34. 我时常为他人的幸运而感到欣喜。
A. 是　　　　　B. 不确定　　　　C. 否

35. 我经常感到似乎遗忘了什么事情。
A．是　　　　B．不确定　　　　C．否

36. 我是一个比较多疑的人。
A．是　　　　B．不确定　　　　C．否

37. 一般说来，我认为世界是一个适于生存的好地方。
A．是　　　　B．不确定　　　　C．否

38. 我很容易不安。
A．是　　　　B．不确定　　　　C．否

39. 我经常反省自己。
A．是　　　　B．不确定　　　　C．否

40. 我是在按照自己的意愿生活，而不是按照其他什么人的意愿在生活。
A．是　　　　B．不确定　　　　C．否

41. 当事情没办好时，我为自己感到悲哀和伤心。
A．是　　　　B．不确定　　　　C．否

42. 我感到自己在工作上是一个成功者。
A．是　　　　B．不确定　　　　C．否

43. 我通常愿意让别人了解我究竟是怎样一个人。
A．是　　　　B．不确定　　　　C．否

44. 我感到自己没能很好地适应生活。
A．是　　　　B．不确定　　　　C．否

45. 我经常抱着"车到山前必有路"的信念而将事情坚持做下去。
A．是　　　　B．不确定　　　　C．否

46. 我感到生活是一个沉重的负担。
A．是　　　　B．不确定　　　　C．否

47. 我被自卑感所困扰。
A．是　　　　B．不确定　　　　C．否

48. 一般说来，我感觉还好。
A．是　　　　B．不确定　　　　C．否

49. 我与异性相处得不错。
A．是　　　　B．不确定　　　　C．否

50. 在街上,我曾因感到人们在看我而烦恼。
A. 是　　　　　B. 不确定　　　　　C. 否

51. 我很容易受伤害。
A. 是　　　　　B. 不确定　　　　　C. 否

52. 在这个世界上,我感到温暖。
A. 是　　　　　B. 不确定　　　　　C. 否

53. 我为自己的智力而忧虑。
A. 是　　　　　B. 不确定　　　　　C. 否

54. 通常,我使别人感到轻松。
A. 是　　　　　B. 不确定　　　　　C. 否

55. 对于未来,我隐隐有一种恐惧感。
A. 是　　　　　B. 不确定　　　　　C. 否

56. 我的行为很自然。
A. 是　　　　　B. 不确定　　　　　C. 否

57. 一般说来,我是幸运的。
A. 是　　　　　B. 不确定　　　　　C. 否

58. 我有一个幸福的童年。
A. 是　　　　　B. 不确定　　　　　C. 否

59. 我有许多真正的朋友。
A. 是　　　　　B. 不确定　　　　　C. 否

60. 在大多数时候,我感到不安。
A. 是　　　　　B. 不确定　　　　　C. 否

61. 我不喜欢竞争。
A. 是　　　　　B. 不确定　　　　　C. 否

62. 我的家庭很幸福。
A. 是　　　　　B. 不确定　　　　　C. 否

63. 我时常担心会遇到飞来横祸。
A. 是　　　　　B. 不确定　　　　　C. 否

64. 在与人相处时,我常常会感到很烦躁。
A. 是　　　　　B. 不确定　　　　　C. 否

65. 一般说来，我很容易满足。
A. 是　　　　B. 不确定　　　　C. 否

66　我的情绪时常会从非常高兴一下子变得非常低落。
A. 是　　　　B. 不确定　　　　C. 否

67　一般说来，我受到人们的尊重。
A. 是　　　　B. 不确定　　　　C. 否

68　我可以很好地与别人配合工作。
A. 是　　　　B. 不确定　　　　C. 否

69　我感到自己不能控制自己的情感。
A. 是　　　　B. 不确定　　　　C. 否

70　我有时感到人们在嘲笑我。
A. 是　　　　B. 不确定　　　　C. 否

71　一般说来，我是一个比较自在的人。
A. 是　　　　B. 不确定　　　　C. 否

72　总的说来，我感到世界对我是公平的。
A. 是　　　　B. 不确定　　　　C. 否

73　我曾经因怀疑一些事情并非真实而苦恼。
A. 是　　　　B. 不确定　　　　C. 否

74　我经常受到羞辱。
A. 是　　　　B. 不确定　　　　C. 否

75　我经常感到自己被人们视为异乎寻常。
A. 是　　　　B. 不确定　　　　C. 否

评分标准

题号 \ 选项 得分	A	B	C	题号 \ 选项 得分	A	B	C	题号 \ 选项 得分	A	B	C
1	2	1	0	26	2	1	0	51	0	1	2
2	2	1	0	27	2	1	0	52	2	1	0
3	0	1	2	28	2	1	0	53	0	1	2
4	2	1	0	29	0	1	2	54	2	1	0
5	0	1	2	30	2	1	0	55	0	1	2

续表

题号 选项 得分	A	B	C	题号 选项 得分	A	B	C	题号 选项 得分	A	B	C
6	2	1	0	31	2	1	0	56	2	1	0
7	0	1	2	32	0	1	2	57	2	1	0
8	2	1	0	33	0	1	2	58	2	1	0
9	2	1	0	34	2	1	0	59	2	1	0
10	0	1	2	35	0	1	2	60	0	1	2
11	0	1	2	36	0	1	2	61	0	1	2
12	2	1	0	37	2	1	0	62	2	1	0
13	2	1	0	38	0	1	2	63	0	1	2
14	0	1	2	39	0	1	2	64	0	1	2
15	2	1	0	40	2	1	0	65	2	1	0
16	0	1	2	41	0	1	2	66	0	1	2
17	2	1	0	42	2	1	0	67	2	1	0
18	0	1	2	43	2	1	0	68	2	1	0
19	2	1	0	44	0	1	2	69	0	1	2
20	2	1	0	45	2	1	0	70	0	1	2
21	0	1	2	46	0	1	2	71	2	1	0
22	0	1	2	47	0	1	2	72	2	1	0
23	0	1	2	48	2	1	0	73	0	1	2
24	0	1	2	49	2	1	0	74	0	1	2
25	2	1	0	50	2	1	0	75	0	1	2

测试结果

101～150分：你有正常的安全感。

76～100分：你表现出一定的不安全感倾向。

51～75分：你已有不安全感存在。

50分以下：你已有严重的不安全感，存在较严重的心理障碍。需要接受心理咨询。

心理视点

有安全感和没有安全感的人，各有一些特点。为此，马斯洛从14个方面进行了比较，分析如下。

缺乏安全感的人的特点如下：

(1) 感到被拒绝、感到不被接受、感到受冷落，或受到嫉恨、歧视。
(2) 感到孤独、被遗忘、被抛弃。
(3) 经常感到威胁、危险和焦虑。
(4) 将世界、人生理解为危险、黑暗、敌意、挑战，像一个充满互相残杀的角斗场。
(5) 认为他人基本上是坏的、恶的、自私的或危险的。
(6) 对他人抱不信任、嫉妒、傲慢、仇恨、敌视的态度。
(7) 有悲观倾向。
(8) 总倾向于不满足。
(9) 有紧张的感觉以及由紧张引起的疲劳、神经质、噩梦等。
(10) 表现出强迫性的内省倾向、病态自责、过于敏感。
(11) 有负罪感和羞耻感，有自我谴责甚至自杀倾向。
(12) 被种种自我估价方面的情绪所困扰，如对权力和地位的追求、病态的理想主义、对钱和权势的渴求、对特权的嫉恨、受虐倾向、病态的柔顺、自卑等。
(13) 不停息地为更安全而努力，表现出各种神经质倾向、自卫倾向、逃避倾向等。
(14) 自私，以自我为中心。

具有安全感者的人的特点如下：

(1) 感到被人喜欢、被人接受，从他人处感到温暖和热情。
(2) 有归属感，感到是群体中的一员。
(3) 无忧无虑。
(4) 将世界和人生理解为惬意、温暖、友爱、仁慈，普天下皆兄弟。
(5) 认为他人基本上是友好的、善意的。
(6) 对他人抱信任、宽容、友好、热情的态度。
(7) 有乐观倾向。
(8) 倾向于满足。
(9) 有轻松、平静的感觉。
(10) 开朗，表现出客体中心、问题中心、世界中心倾向，而不是自我中心倾向。
(11) 自我接受，自我宽容。
(12) 为问题的解决而争取必要的力量，关注问题而不是关注于对它的统治。坚定、积极，有良好的自我评价。
(13) 以现实的态度来面对现实。
(14) 关心社会、合作、善良、富有同情心。

第四章
分享爱情中的真实情感
——爱情本身就是一道测试题

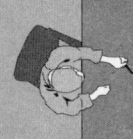

你属于哪种恋爱风格

 测试导语

假如将异性比为鱼,那么你与异性交往就有"撒网捕鱼型"、"逐条捉鱼型"、"离水3尺钓鱼型"3种类型。

以下测验将揭示你与异性交往的风格。

  测试开始

1. 你认为自由恋爱是:
A. 既廉价又美丽的恋情
B. 是一种伟大的观念,即使现在已经不新鲜了
C. 目前很普通的一种恋爱方式

2. 最近有个男孩子非常注意你,而他只是你的好朋友,你会:
A. 算了,他可能不是对我有意
B. 与他打情骂俏,不管他有没有女朋友
C. 管他的,好朋友就是最好的男朋友

3. 当你独处的时候，你会：
   A. 其实你有时候也喜欢独处
   B. 觉得太浪费了，应该和男朋友在一起才对
   C. 觉得自己像个失意的人

4. 如果你在学校餐厅中，遇见一位令人心动的男孩，且他就坐在你旁边，并开始赞美你的美貌，你会：
   A. 问他认为你的眼睛如何
   B. 给他一拳，因为不真实的话你不爱听
   C. 说声谢谢，然后就去准备下一节课的考试

5. 一个暗恋你的男孩子从门缝中塞进一张纸条给你，你会：
   A. 即使他送花，你也会知道是谁送的
   B. 查出对方是谁
   C. 有种受宠的喜悦，但只是把他当作另一个爱情的失败者

6. 有个还不错的男孩，经常与你接近、说话，但是你已经有了男朋友，你会：
   A. 觉得很得意，但并不在乎，毕竟这种事你见得多了
   B. 根本不在乎男朋友
   C. 管他，反正男朋友又不会知道

7. 倘若有一个长得很帅的男孩，向你要你最要好的朋友的电话号码，你会：
   A. 让他到你朋友常去的地方找她
   B. 对他说"她已经搬走了"
   C. 给他电话号码

8. 当一个男孩子告诉你"一切都已结束"时，你会：
   A. 开始另找新的对象
   B. 发誓一年内不再接触男孩子
   C. 有种如释重负的感觉

9. 你认为最理想的约会方式是：
   A. 在炉火前相拥亲吻
   B. 与一男子共进晚餐，又在宴会上认识另外一男子，然后再与另一男子跳舞跳到凌晨3点
   C. 与他共享美食

10. 你心情不好时会：
    A. 吃一堆零食
    B. 出去逛逛，看能不能有意外惊喜
    C. 打电话向男朋友倾诉，希望能从他那里得到一点慰藉

评分标准

选项\题号	1	2	3	4	5	6	7	8	9	10
A	3	1	3	2	3	1	2	3	3	1
B	2	2	1	3	2	3	1	1	2	2
C	1	3	2	1	1	2	3	2	1	3

测试结果

24～30分：逐条捉鱼型。你通常有固定的男朋友，即使你们俩吹了，你也会另找一位固定的男朋友；你很忠诚，也知道如何维系彼此间的关系，但你多半不甘寂寞而希望与他维持平稳而持久的关系，故容易显得过分黏人。

17～23分：撒网捕鱼型。你从来不会因为没人约你而"独守空闺"，但是你通常与异性也没有认真的关系。你的个性外向，在宴会中通常是大家注目的焦点。然而，你因为害怕会丢失对方或唯恐自己陷得太深而无法自拔，所以不敢与异性太亲近。

10～16分：离水3尺钓鱼型。你的约会次数不多，因为你总觉得还有更重要的事要做。你虽称得上独立，但内心是蛮害羞的。然而，假使你继续这样让机会溜走，又如何能与人接近呢？更何况，男孩子会因你那"不在乎"的态度而对约会退避三舍。

心理视点

　　给24～30分的建议：你应该放宽眼界，尝试培养多方面的兴趣，这样将使你的生活更加丰富。
　　给17～23分的建议：你尽管放大胆子和他培养感情。
　　给10～16分的建议：你不妨跟某些有点腼腆的男孩子交往，说不定你会有意想不到的收获。

你会爱上哪一种人

 测试导语

"我的梦中情人在何方,他(她)长什么模样呢?"相信这是很多人经常思考的一个问题。

这个测验就可以帮助你明白最适合自己的人是什么样子。

 测试开始

利用下列4个要点,画出一幅简单的风景画:

A．花

B．女子

C．山

D．在跑的狗

画好了吗?看看你的结果吧!你就是这样的人哦!

 测试结果

A．以花为中心而画的图:你对老实、温柔、不善言辞的异性感兴趣。对方是个性开朗,对工作热心,即使做别人不愿做的事也不觉苦恼。

B．以女子为中心而画的图:你喜欢年轻、可爱的异性,恋爱时会乐于工作赚钱。男性会喜欢古典型,顺从丈夫而文静老实的女人。

C．以山为中心而画的图:智慧、沉静、尊重他人,有修养的个性,是你喜欢他(她)的原因。一旦与他(她)认识,你会希望与他(她)共度一生。

D．以在跑的狗为中心而画的图:你喜欢的人很多嘴,有时他(她)让你觉得啰唆,离开又觉得寂寞,因此你很快地将爱表露出来。男性会喜欢身材修长,眼大而有神的女人。

心理视点

心理专家认为,一般情况下你爱上的那个人与自己的性格大致是相反的,比如你喜欢娇小可爱的异性,说明自己是自信魁梧的类型;如果你喜欢个性开朗、能说会道的异性，则说明自己是偏内向型，不善言辞；如果你喜欢智慧、沉静有修养的人，则说明自己也是属于智慧型的人。其实这也不是绝对的，人各有志，每个人的想法不同，也不能局限于此。只有找到自己的真爱，才是最重要的。

你的单身情歌还要唱多久

测试导语

人际交往的圈子太小，身边的异性不是不适合自己，就是心有所属，这是现在很多年轻人面临的常见问题。

他们不知缘分何时会降临到自己身上，要想知道答案，请做下面的测试。

测试开始

1．一个单身男子被远处一位妙龄女郎深深地吸引住了，他最先注意的是：
A．她的衣着——请回答第2题
B．她的声音——请回答第3题
C．她的身材——请回答第4题
D．她的行为举止——请回答第6题

2．既然她的衣着很吸引人，你觉得她有可能穿着什么样的衣服：
A．显得身材修长的深色长裙——请回答第3题
B．可爱活泼的休闲服装——请回答第6题
C．性感抢眼的时尚女郎装束——请回答第4题
D．淡雅精致的高档套装——请回答第3题

3．女士正对着男子走过来，你觉得她是来：
A．对他感兴趣，过来找他搭讪的——请回答第5题
B．对他身边的小吃摊感兴趣，过来吃蛋挞的——请回答第6题
C．把他当作流氓，过来给他两巴掌的——请回答第7题
D．从他身边走过而已，什么也没有发生——请回答第4题

4．对于这个女郎，你最先联想到的物品是：
A．内衣——请回答第7题

B. 时装——请回答第8题

C. 鲜花——请回答第6题

D. 高档化妆品——请回答第9题

5. 挑一种花在第一次约会的时候送给对方，你打算选：

A. 一大捧玫瑰——请回答第7题

B. 一束康乃馨——请回答第6题

C. 一扎香水百合——请回答第9题

D. 一枝红玫瑰——请回答第10题

6. 你觉得这两个人可能发展成：

A. 最后分手的恋人——请回答第8题

B. 终身伴侣——请回答第10题

C. 一夜情伙伴——请回答第7题

D. 没有缘分，互不相识——请回答第9题

7. 男子有意无意地把手滑到女士腰部，你觉得下面会：

A. 马上见识到一场世界大战——请回答第9题

B. 女方会意微笑，两人距离拉近——请回答第11题

C. 女方巧妙闪躲，面不改色——请回答第10题

8. 你觉得女性最不欣赏的男性品质是：

A. 粗鄙恶心——请回答第9题

B. 娘娘腔——请回答第11题

C. 肮脏——请回答第10题

D. 极度大男子主义——请回答第12题

9. 你觉得咖啡和爱情的关系是：

A. 两者没有任何关联——请回答第11题

B. 爱情有时候像咖啡，可以在工作之余提神醒脑——请回答第10题

C. 同样都是苦涩中带有回味的复杂感觉——请回答第13题

10. 以下几种景象中你最喜欢的是：

A. 雪中的挪威小木屋中透出明亮灯火——答案B

B. 白沙滩上面对清澈的海和浓绿的椰林——请回答第12题

C. 到处都是美丽异性的天堂——请回答第11题

11. 一周清洁头发次数大约为：

A. 2次以下——答案A

B. 2次或2次以上——请回答第12题

C. 每天一次——请回答第13题

12. 你在比较拥挤的街道上骑自行车，对身后的车子：
A．始终骑在前面，保持一定距离——答案 C
B．故意骑在它前面，晃来晃去挑逗对方来追——请回答第 13 题
C．干脆让开路，自己骑到后面去——答案 D

13. 以前曾经和你关系暧昧的异性，最后变成了：
A．再普通不过的一般朋友——答案 B
B．很久很久没有联系过了——答案 D
C．见面互不理睬的冤家——答案 A
D．仍然有些暧昧的朋友——答案 C

 测试结果

A．单身时间 50 岁，程度 80% 以上：单身歌王的你总是很难觅得人生知己，即使有一个和你稍有感觉的异性，也会在比较短的时间内被你的种种恶行吓走。你不认为仪表是一种男女交往中必需的东西。你是否经常在肩上披着厚厚的头屑披肩，或者把屋子弄得乱哄哄像个狗窝？即使没有，你也会用一种更加恶劣的方式令自己风度全失。你孤独的原因要从自己身上寻找：最需要在异性面前表现的时候，你在做什么？

B．单身时间 35 岁，程度 50% 左右：具有浓烈家庭气质的你，是个很忠贞的恋人和伴侣，只不过因为要对将来忠诚，有时候会忽略了眼前。你并不喜欢孤单，但却比别人更能忍受寂寞。其实，你是个比谁都要期待浪漫真挚爱情的人，但对你来说，幸福更多要依靠上天赐予的缘分。你的感情像个齿轮，只要遇到合适的伴侣，就一定能相依相偎厮守一生。可如果上天有意开你的玩笑，缺乏主动的你也只能坐在那里等着幸福的馅饼掉下来。

C．单身时间 30 岁，程度 30% 左右：你的月亮星座多半是水向或者风向，擅长在异性中树立魅力的你显然是个挑逗别人的高手。情场得意和双宿双飞其实是完全不同的两件事，你还是没有搞清单身的真正含义。找到一个伴自己一生的人，远比找一群随时在脚边摇尾巴的宠物更加困难。而且，依照你的个性，即使已经找到了命中注定的姻缘，还是免不了对别的异性多抛几个不清不楚的眼神。最糟糕的结果是：真正能伴你一生的人在不知不觉中走掉了。

D．单身时间 40 岁，程度 60%：进入这个选项的人大概属于"驴子星座"，性格倔强得有时候让人难以接受，总是有很多自己给自己制定的原则，不懂得随遇而安，也不懂得逢场作戏享受短暂快乐。想要打动你是件艰难的事情，不仅要晓之以理、动之以情，还要持之以恒。虽然你对另一半的要求标准颇高，不过一旦得到你的认同，那就是一辈子的契约，所以你对一些异性还是具有相当程度吸引力的。

> **心理视点**
>
> 　　给单身时间50岁的建议：首先注意卫生清洁，如果已经注意了，那么注意气度和言谈。但是，要是你根本不在意是否结婚的话，当然可以按自己的方式活得很开心。
>
> 　　给单身时间35岁的建议：找到另一半之后不妨变得像个家庭主妇（主夫），但在尚未遇到另一半之前，不主动寻找又怎么会有相遇的机会？
>
> 　　给单身时间30岁的建议：如果你只是需要一个能最后陪在自己身边的人，那就对最爱你的那个人好点儿，而不是你最爱的。
>
> 　　给单身时间40岁的建议：你对真爱的苛求程度丝毫不比B类人少，只不过不能放下身段去追求自己想要的东西，以至于最后往往还是会接受那个最执着的追求者。

他爱你有多深

测试导语

　　摊开他的掌心，测测你们的爱情——他像你爱他那样爱你吗？

　　你已经觉得自己和以前不同了，现在你会无来由地伤感，会无来由地思念，是不是已经陷入爱情了呢？那他的心里在想着你吗？他也会时刻地牵挂和思念你吗？他对你的爱是否到了要与你执手偕老的程度呢？以上问题你能替他做完全肯定的回答吗？如果还不能，来做这个测试吧！

测试开始

1. 他对你的爱好、血型之类的事情感兴趣吗？
A. 不仅问过而且和你作详细探讨
B. 问了之后只是笑一笑
C. 没兴趣
D. 自己没问过，但他已通过别的途径知道

2. 当你和他谈起关于未来的话题时，他会：
A. 很乐意和你一起去幻想

B. 听你自己说
C. 从未触及过这个话题
D. 很不耐烦

3. 当两人坐在公园的长椅或公车的椅子上时,你们之间的距离是:
A. 有些距离
B. 几乎没有距离
C. 从未坐在一起过

4. 你觉得除了你之外,他还经常和别的女孩交往吗?
A. 不止一个
B. 好像没有
C. 不清楚

5. 你们去餐厅时,他通常都带你去坐哪一桌?
A. 最拐角的桌子
B. 临窗的桌子
C. 刚进门的桌子
D. 未曾去过,所以不知道

6. 当你给他倒水或做别的事情时,他会做出怎样的反应?
A. 很幽默地跟你说:"Thank you!"
B. 一本正经地说:"谢谢。"
C. "……"(默默地点点头,不说话)
D. 没有过这种情况

7. 两人牵手去散步时,他会走在你的哪一边呢?
A. 靠里的一边
B. 靠街的一边
C. 不确定
D. 前面或后面

8. 他因出差或到别的地方旅行会给你打电话吗?
A. 从没打过
B. 到每个地方都会打
C. 偶尔会打
D. 自己要求之后他才打

9. 你去逛街,回去的路上突然遇到他时,他的反应是:
A. 明明看到却装作视而不见
B. 远远地大声招呼

C. 轻轻地点点头，然后擦身而过
D. 停下来帮忙，然后把你送回家

10. 你们有过最初的肌肤之亲吗？
A. 会在不经意间把手搭在你的肩上
B. 会牵着你的手或手臂
C. 尽量避免和你的肌肤接触

评分标准

选项\得分 题号	1	2	3	4	5	6	7	8	9	10
A	3	5	5	3	3	1	5	3	1	3
B	5	3	3	5	5	5	5	5	5	5
C	1	1	1	1	1	3	1	1	3	1
D	5	1			1	5		1	3	5

测试结果

10～20分：立刻掉转方向——逃跑。如果你现在觉得自己已经开始有点喜欢他了，明智点！马上撤回。他对你的态度是显而易见的，可有可无、漠不关心。如果你不舍得放弃，愈想接近他，他就愈想避开你，甚至讨厌你。可能是彼此的性格有太大的差异，你只是被表面的东西所蒙蔽。选择什么样的男朋友对你的生活状态会有很大的影响，不能沉迷于虚无的想象，当你有一天觉得自己已经无他不可的时候再想收回来，就会承受更多的痛苦。仔细想想，前面也许正有幸福等着你。尽量忘记他，这比任何事都重要。即使他可以在别人面前温柔体贴。但那不属于你。

21～30分：你真的愿意玩这个游戏吗？他可能是个游戏人生、处处留情的人。他不会拒绝你，可能会答应你的一些要求，甚至带你去吃饭、溜冰、看电影。可是时间久了，你就会发现他的身边可能不只有你的存在。这个时候如果你开始认真了，那么你们的游戏可能也就该结束了。也许你的真心会让他有些收敛，可是在你们相处的日子里，阴影几乎是无处不在的。他要的也许只是轻松和快乐。如果你真的不舍得放弃，就不要陷入太深，你的含蓄和矜持也许是你们爱情最好的催化剂。让他爱上你吧！

31～40分：努力就有好机会。他可能还没有爱上你，但是你不用放弃。你和他并不是很热情的情侣，他也还没有谈恋爱的心情。可能是他还不了解你的真心，或你的心意没有传达给他。你要让他知道你的心意，但不可贸然

71

行事，从侧面让他知道你的心，即使他不会马上做出回应，这也不会影响你们感情的发展。只要你努力坚持，最终一定会牵他的手走上红地毯的那一端。

如果你无法忘记他，就继续努力吧！但若行不通，不妨顺其自然，相信时间会让他了解你的感情。写信给他时，不可贸然表露下嫁的意愿，否则会使尚未了解你的他吓一大跳。

41～50分：以你的诚意使恋爱成功。何必要相互折磨呢！他也热心地等着你。他对你会表现得相当体贴，你一定也会急着等他说出更体贴的话。而他应该是非常迷恋你，正努力地想要捕捉你的心。你也许不这么认为，不过只要你诚心诚意地与他沟通，和他的恋情就会有很大的发展，他一直都很在乎你。你们现在要做的就是寻找合适的机会向对方表明心迹。坦白地告诉他：你喜欢他。千万不可放松，爱情来了，就一定要抓住，别等它烟消云散后再对着它的背影黯然神伤。

心有灵犀的人儿呀，赶紧行动吧！写信或者给他打电话。顺便送他一个表明爱意的小礼物，相信聪明的他会明白你的心。

心理视点

教你四招选择真爱你的人：

(1) 通过物质看这个男人对你的重视度。谈过恋爱的人都有过这样的经历，那就是对让自己倾心的人极度慷慨，哪怕兜里只剩下1元钱，也会想着怎样用这1元钱为爱人添点儿什么。那么，对方舍不舍得为你花钱，从某种程度上讲，未尝不是一个即时可见的检验标准。当然，这个人所能为你付出的金额数量还要视他的经济状况而定。

(2) 是否能够接受你不美的时候。生活中难免有很多无法保持优美姿态的时候：比如一睁眼满眼角的眼屎，或是感冒了不停地打喷嚏，不停使劲儿地擤鼻涕……凡此种种，倘若你爱的那个人不能想象，更不能热爱你也有这样俗不可耐与常人无异的状态，无论这个人有多么优秀都应该毫不犹豫地一脚踢开。

(3) 是否愿意和你一起共同承担琐碎的生活细节。如果那个说着爱你的人始终不肯和你共同承担这些生活细节，比如买家具，交纳电话费、水电费，等等；在你临时有事需要帮助，而他又没有什么实在脱不开身的工作要做却依然让你一个人去苦恼，这样的人不要也罢。因为他很大程度上只是想找一个不花钱的保姆，并不是真的爱你爱到非你不娶的程度。

(4) 性希望有的时候是一种很关键也很有效的考验。若想知道这个男人是真的用心在爱你，还是只想占有你，你彻底毁掉他对你的幻想，让他不再有性希望是一个很关键也很有效的考验。倘若他仍然能一如既往地挂念你，在你需要帮助的时候向你伸出温暖的手，那么这个男人真的在用心爱你了。

你们是天生的一对吗

测试导语

你和他相处已经有一段时间了,但是你心里是否能清楚地知道,他是否真的和你相配,在日后更加漫长的相处中,你们之间能做到琴瑟相和吗?通过这项测试,也许会给你提供一定的帮助。

本项测试共分两部分,每部分3道题目,每题3个选项,请从中选出适合你们的一项,15分钟内完成解答。

测试开始

一般观察检测:

1. 在和你非常尽兴地交谈时,他会有哪些肢体语言?
   A. 把手不自觉地放在脑门上
   B. 习惯于用手摸头发
   C. 没注意过,似乎没有特别的举动

2. 某一天假若你发现,他不仅仅在和你来往,他还有其他来往密切的异性朋友,你会怎么样?
   A. 和他彻底了断,再找其他的感情归宿
   B. 公平竞争,把他的心牢牢拴住
   C. 全力以赴维持现状,充分尊重他的意见

3. 在你们最后一次在一起的时候,他表露出什么样的面部特征?特别是双眸。
   A. 充满笑容,双眼眯成一条缝儿
   B. 双眼平视,与往常没什么不一样
   C. 在脑海里对他的一双眼睛没有印象了

4. 在你们自己拍摄的两人生活录像片中,仔细看看,你们一起面向镜头时,他的手一般是放在什么样的位置上?
   A. 双手合抱着肩膀,或随意放在腿的两侧
   B. 手放在你的肩上,或者在拉着你的手
   C. 你们两人从没有过这样的录像或合影

5. 如果你们结束了一天的聚会，正要相互告别时，他一般有什么样的表现？
　　A. 始终站在原地目送你，直到你的身影消失在夜色里
　　B. 没有任何表示，快速踏上回去的路
　　C. 随口说声明天见，走一段路后又转过头来

6. 在和你相处时，你留意到他的袜子是什么样的？
　　A. 洗得很干净整洁
　　B. 又脏又旧，很破
　　C. 不太注意

7. 如果你有足够的能力改变他身体的某个部位，那么你打算让他什么地方发生改变呢？
　　A. 五官
　　B. 身高
　　C. 性格、思维方式

8. 现在的他与你们初次见面时比起来，有什么不一样的地方吗？
　　A. 相处一段时间后的他比起那时候更细腻、温柔
　　B. 这段时间里，让我看到了他易怒、爱发火的一面
　　C. 在我眼里，他始终都一个样子，不曾发生变化

实际行动检测：
1. 跟他同坐一个座位时，如果抬起腿来的话，你看看他的哪一条腿在上面？
　　A. 离你较近的在上面
　　B. 离你较远的在上面
　　C. 他不抬腿

2. 你们两人同坐公交车，车上人并不多，有很多空座位，可你有意坐到了单人的位子上，那么他会是下面哪种表现和动作？
　　A. 不去找座位，就站在你的旁边
　　B. 到车后面其他空位子上去坐
　　C. 把你拉起来，找一个你们俩都可以坐的地方

3. 在饭馆或咖啡厅，如果你表示出有意付账的意思，并主动叫来服务员，这时他会有什么表示？
　　A. 把服务员叫到身边说："今天我请客。"
　　B. 不说任何话，默默地把账单拿到你身边
　　C. 没有任何反应

4. 在你们面对面而坐时，你很专注地看着他的双眸，他一般会是什么样的举动呢？
　　A. 不与你对视，把视线转向别处
　　B. 迎接你的目光，与你对视
　　C. 很不好意思地问你："怎么啦？"

5. 在过马路时，你因有急事想在变为绿灯之前就快速闯过去，这时他会如何？
　　A. 不说任何话，拉着你的手
　　B. 说："等等吧，不能这样。"
　　C. 不做任何表示

6. 某一次，你和他并肩走在马路上，假设你走在了他的左边，他会有什么反应？
　　A. 依然走自己的路，没有任何反应
　　B. 立刻主动过来换位置
　　C. 不知不觉中露出不自然的神色

7. 在餐厅内，你们面对面交谈时，如果你两只手抱住肩膀，他会有什么样的动作和表现？
　　A. 和你类似，同样双手抱肩
　　B. 没有任何反应
　　C. 将两只手放在椅子背上

8. 在公共场所，比如地铁或电影院，你有意拉住他的手，他会有什么反应？
　　A. 也以同样的力气拉着你的手
　　B. 用力放开你的手
　　C. 反应平静，从手上感觉不到什么

 评分标准

选项\题号	一般观察检测								实际行动检测							
	1	2	3	4	5	6	7	8	1	2	3	4	5	6	7	8
A	5	1	5	3	5	5	1	5	1	3	5	1	5	5	5	5
B	3	5	1	5	3	1	5	1	5	1	3	5	3	3	1	1
C	1	3	3	1	3	3	3	3	3	5	1	3	1	1	3	3

测试结果

对照上表,将第一部分、第二部分得分分别相加,得到两个数值。

第一部分:通过一般观察性检测,可以了解他对你的外表爱慕程度。

8~18分:他是个看起来很无情的人。他不但不愿直率地向你表示他对你的爱意,而且对你的态度也显得冷淡。他的性情有点孤僻。要是他在实际行动测验中得分也很低的话,那就表明他是不会为你动心的。

19~29分:他对爱情没有什么特别的感受,平时对你很体贴。

30~40分:看起来他对你很热情,也很专一,很希望能赢得你的芳心。

第二部分:实际行动测试,可以看出他对你是否真心。

8~18分:他有些厌烦你,并且在某些方面,有想要拒绝你的举动。

19~29分:他很喜欢你,但是不能自然流畅地表达出自己对你的爱情,所以他正处于不安的状态。

30~40分:他完全沉醉在对你的爱情中,是非你莫属的热爱型。

根据一般观察测验与实际行动测验的得分之和,可以看出你跟他到底是属于哪种类型的情侣。

0~16分:消极冷淡型——你们两人若不是为彼此的性情不合而烦恼,就是常为了一些小事想指责对方。你们很容易对彼此不满。你们两人之间很不和谐。要是你热情一点,他就变得很冷淡;相反,若是你对他漠不关心,他反而突然对你热情起来。你们似乎很相配的样子,但时间一久,你们之间大概就会有裂痕产生而逐渐变得冷淡了。如果你们要发展成一对很亲密的情侣,那是需要相当的忍耐与努力的,你们的爱情结局不会大乐观。

17~31分:谨慎地互相试探型——你们两人彼此都很了解,也很体谅对方的心情。如果你稍微再努力一点,使自己的情绪表达得更顺畅的话,你们一定可以进入热恋。现在你们两人都过于谨慎,彼此之间欠缺坦诚。由于他很了解你的心理,所以千万不要玩什么花样,否则可能会造成他对你的误解。

32~47分:友情发展型——与其说你们是一对情侣,不如说你们停留在普通朋友的阶段。你跟他就像是以前学生时代的朋友一样,还谈不上爱或不爱。你们之间不但能毫无保留地交谈,而且彼此也都很了解对方。所以若能进一步交往,未尝不是件好事。在现在这个阶段,你们之间仅止于友情而已。但如果你与他继续交往的话,在将来是有可能发展成一对情侣的。不过这是需要花时间去努力的。

48～63分：热情洋溢型——你们这一对，不论是你或是他，都在爱河里陷得很深。对你来说，没有了他的生活实在是无法想象的；而他也是一样，无时无刻不想着你。你非常依赖他，似乎一切全听他的吩咐，而自己无法做理智的判断。

64～80分：戏剧性的发展型——你自己似乎也搞不清楚为什么会迷恋他。一方面争吵，互相表示不满，另一方面却又一直交往下去，这就是你们富于变化的戏剧性恋爱。你的情绪不停地在转变，有时会觉得他很讨厌而想跟他分手，但是一旦有情敌出现或遭到周围人的反对，这时你会变得更喜欢他而对他更加的热情。有时候，他也会疯狂地爱着你。你们是奇特的一对，如果你们是戏剧性的发展型，请你们今后两人都自我克制一些，你们也许会很幸福。因为有一点可以肯定，你们彼此其实谁也离不开谁，尽管你们可能都不愿意承认这一点。

心理视点

通过上面的测试，想必你对你们的爱情状况有个清楚的了解。如果你们是消极冷淡型，请尽快进行沟通，增强双方的了解。如果你们是谨慎地互相试探型，请你把自己的爱情直率地表现出来，犹豫或不安对你们的爱情是有害的。如果你们是友情发展型请你们继续发展，因为你俩将来应该是幸福的一对。

他是值得你托付终身的人吗

测试导语

每个女孩都希望能找到一位能爱自己、关心自己，并能真正给自己幸福的人。你现在心中的他值得你托付终身吗？要想知道答案，请做下面的测试。

测试开始

1. 当你们共度周末时：
   A. 你总觉得寂寞，因为他不是坐在电视前，便是在忙他自己的事情。
   B. 你们一起笑，一起放松，你感受到无比地轻松舒适
   C. 除了享受你的爱情，他对其他的活动都不感兴趣

2. 当一位绝色佳人与你们擦身而过时，他通常：
A. 悄悄侧过头注视她
B. 向她行一个长长的"注目礼"
C. 对你说："别担心，亲爱的，她无法与你媲美。"

3. 当你告诉他，你的母亲（好友或姐妹）建议你拒绝一份你很想尝试的新工作时，他的反应是：
A. "别听她的，你能胜任。"
B. "她只是担心你而已，你能愉快地胜任。"
C. "我对你妈妈（好友或姐妹）从没有好感。"

4. 你的朋友如何形容他？
A. 最佳情人
B. 一个爱着你的好男人
C. 一个可以一同玩乐的对象，但不是一个值得托付终身的人

5. 当你为出席某次重大活动盛装打扮时，他的反应是：
A. "我能看你卸下这一身服装的模样吗？"
B. 他一句话也没说
C. "你看起来真漂亮。"

6. 你无缘无故地开始坐立不安，心情烦躁时，他会：
A. 替你找人咨询
B. 告诉你这是庸人自扰
C. 虽然他表示相当地关心，但你的言行似乎吓坏了他

7. 工作不顺心使你很沮丧，你打电话向他寻求一点心灵的慰藉，他会：
A. 在倾听之后，通常会带冰淇淋等你喜爱的东西来安慰你
B. 立即打断你的谈话，因为他正与哥们儿享受啤酒大餐
C. 一番倾听之后，他安抚你好好睡一觉；第二天，他会一早打电话来关怀你的

8. 当你们吵架时，你最后感到：
A. 沮丧，因为他拒绝与你作坦率的交流
B. 面对你们之间认识上的差异，他或许会略显不悦，但始终保持理性的态度
C. 他的行为使你害怕

9. 前夜，你参加一个非常尽兴的舞会，其中虽和一两个男性调情说笑，但只是逢场作戏。隔天你的男朋友对这件事最可能的反应是：
A. 因你的受欢迎而倍感兴奋

B. 充满爱意地对你说，能拥有你是他无上的幸福
C. 不开心地怪你喝多了酒

10. 你们共享烛光晚餐之后，面对账单：
A. 他仔细告诉你所消费的每一项，并告知你点了多少食物花费了多少钱
B. 当你正要拿钱包时，他说："能请你是我的荣幸。"
C. 只说出账单数目的一半

评分标准

题号选项得分	1	2	3	4	5	6	7	8	9	10
A	1	2	2	2	2	2	2	2	2	2
B	3	1	3	3	1	1	1	3	3	3
C	2	3	1	1	3	3	3	1	1	1

测试结果

26分以上：百里挑一的好男人。"在一个值得爱的男人身边，你可以充分拥有满足的快乐感。"心理学家说："具有共同目标和兴趣的恋人，可互相扶持面对现实中的任何艰难和残酷。"当然，在真爱中仍难免有争执，问题出现时，你们该如何面对？经过一番口角之后，是否发觉你们更加关心对方，更加了解对方？千万不要因双方的差异而分道扬镳，因为在沟通下减少差异，更能让两个人享受一份持久的美好感情。

14～26分：尚待琢磨的男人。每个男人都有他的优点和缺点。重要的是，你能忍受他的不完美甚至让他改掉一些烦人的行为吗？一般在选择一个人的时候，多少都带有一点期待，所以你最好自问，他是否具有你最看重的那些特质。

建议你写下10个你心目中的伴侣特点，如果他符合其中的5项，或许他就是那个值得你爱的人。

14分以下：根本不值得托付终身的男人。这个人完全忽略你的存在，他或许宁可在电视前拼命换台也不想和你说话。甚至在你面前对别的女人眉目传情。你真的需要一个不值得你爱的男人，为他这样委屈自己？或许你明知沉溺在一段不真挚的感情里，为何不向他说分手呢？

如果你知道应该离开他却无法当机立断，那么最好去找一个值得信赖的朋友帮你。

心理视点

四种男人值得爱：

(1) 事业和家庭轻重摆得好的男人。此类男人既有事业心，也有家庭感。

(2) 不太在乎你容貌的男人。如果他首先在乎的是你的内在气质，他也会发现你的魅力随岁月渐增。

(3) 不太会谈恋爱的男人。人不是天生就会谈恋爱，太会谈恋爱的男人，说明其情场经验丰富，这样的男人更适合做朋友。

(4) 觉得你不懂事的男人。他会把你看成是一个永远长不大、最不懂事的孩子，凡事为你瞎操心，不是因为对你没信心，是因为爱。

你的恋人有逃跑的念头吗

恋人和时尚一样，你可要时时刻刻注意。小心！别穿了过季的衣服，爱上想跑的男人。

1. 你和他一同去逛街时，看上一件新衣服，他的反应是：
A. 视而不见，快速离开
B. 把衣服批评得一无是处，认为你品位不高
C. 赞美你的眼光，希望你去试穿
D. 你若希望他送给你，他劝你应该自己有能力再买

2. 你和恋人独处的时候，他常常是：
A. 心不在焉，只谈些无关痛痒的琐事
B. 不停地接听朋友的电话，讲得很开心，忘了你的存在
C. 他会制造一些浪漫的气氛，让你渴望与他独处，享受两人世界
D. 和你独处不到10分钟，就想去约亲朋好友一同吃饭或玩乐

3. 你此刻最想和他说的一句话：
A. 你到底想怎样，要分手或在一起，请讲明白，好吗

B. 你再忽略我的存在或价值，我们就不要在一起了
C. 多爱我一点好吗
D. 我要你全部的爱

4. 你和恋人吵架时，他的态度是：
A. 一副要决裂的模样，言语及神情冷漠
B. 懒得理你，你再生气他也无动于衷
C. 吵架归吵架，最终他还是会安抚你的情绪
D. 很容易愤怒，对你感到诸多不满意

评分标准

选择较多的选项即是你的答案。

测试结果

答案偏向A：恋人"逃跑"指数——有向上攀升的危险，他已经有逃跑的念头。在他内心深处，虽然目前还觉得逃跑会有罪恶感，但是，当你和他有意见上的冲突或是相处有不和谐时，他的逃跑念头就会更强烈，想一走了之，跑到天涯海角，暂时忘记你的存在，不过，事后他又会后悔。

答案偏向B：恋人"逃跑"指数——已到达巅峰，他随时、随地都会逃跑。你最好要有心理准备，他目前只是在等待最适合的时机。

答案偏向C：恋人"逃跑"指数——偏低，没有任何波动和念头，虽然偶尔你会看他不顺眼，但是他仍是个不错的伴侣，十分钟情、不愿意逃跑，而你对他的吸引力很强。所以，目前大可放心地享受一切。

答案偏向D：恋人"逃跑"指数——逃跑指数不高，但是，对于你的兴趣指数也不高。他目前总觉得爱情生活乏味，只是彼此习惯而已。

心理视点

答案偏向A的你，目前追不追他——天啊！当你开始烦恼恋人已经有逃跑念头的同时，自己也想干脆比他先逃跑好了，不过你还是比较容易忍受他忽冷忽热的矛盾情绪。所以，何不加把劲，好好地抓住他、追他追紧一些，让恋人想逃跑的念头降低，自己也快乐满足地沉浸在恋爱的甜蜜中。

答案偏向B的你，目前追不追他——你还是算了吧！花心思去追求一个早已变心的男人，是非常不值得的。放了他也等于放了你自己，何必一

> 个人独尝这抓不到的痛苦与无奈，早些放手，你会觉得更快乐、更轻松。
>
> 答案偏向C的你，目前追不追他——此刻的你，是个幸福满满的小女人，被疼爱的感觉很好。目前你可以不用花心思去追他。
>
> 答案偏向D的你，目前追不追他——如果觉得恋人仍值得你去爱，一定要彻底改变目前对你不利的情况和太习惯的生活细节。若即若离、制造新鲜的生活情趣，这是很重要的。否则任何新的刺激，都会使他逃跑。

你了解心中的他吗

测试导语

真正了解恋人，是恋爱成功的基础。请完成以下测试题。

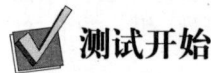

测试开始

1. 你会给你的恋人讲以前的恋爱情况吗？
A. 不告诉对方
B. 婚后再告诉对方
C. 一开始就主动告诉对方
D. 如对方询问，就轻描淡写，尽量缩小事实

2. 如果与恋人约会，会选择哪里呢？
A. 无所谓，听恋人安排
B. 在僻静无人处，以免被人看见
C. 在公园小湖边
D. 在介绍人或朋友家中

3. 第一次送东西给恋人，你觉得送下面的哪一样更合适？
A. 录有你歌声的磁盘或磁带
B. 照相机
C. 高级钢笔
D. 一块贵重的金表

4. 如果恋人告诉你，他（她）还在被别人追求，你会怎样？

A. 感到恋人对你不忠,马上提出分手
B. 趁机尝尝三角恋的味道
C. 认为恋人是在鼓励自己更大胆地追求他(她)
D. 想与那人偷偷决斗

评分标准

选项\得分 题号	1	2	3	4
A	1	5	5	1
B	3	3	3	3
C	5	0	0	0
D	5	0	0	0

测试结果

0~7分:根本不了解恋人。因为你不善于同异性交往,经常等待对方主动,同时很少关心异性的神情和动作变化,在关键的时候总是畏畏缩缩,迟迟不采取相应措施。

8~13分:不大了解恋人。你不了解恋人心理,经常拿一些不合时宜的东西送给恋人,而对恋人送给你的东西,又常常是连看也不看一眼便束之高阁,更不会讲欣赏的话。

14~17分:了解你的恋人。现在虽然没有花更多的钱来买高档东西送给恋人,但你懂得用语言和小动作来爱抚恋人,使恋人的心灵及时得到滋润。

18~20分:很了解你的恋人。你知道恋人喜欢什么、不喜欢什么,对恋人的生活习惯、兴趣、爱好等都了如指掌。因此,恋人也非常喜欢和你在一起。

心理视点

如何更好地、全面地了解你的恋人呢?下面提供给你几种方法。

(1)交谈法。首先创造一个自然、愉快、轻松自如的谈话气氛,然后通过他对各种问题的看法以及采取的态度,去把握他的心理。

(2)观察法。观察法是指在特定的环境中,对他的各种表现,接人待物等方面进行考察,得出综合印象,再经过分析加工,最后把握其本质特点。

(3)调查法。这种方法是指通过与他的朋友、家人、同事等交谈,从这些人的反应中获取了解他的情况。

你们的爱情还能走多远

测试导语

你们还像初恋时一样心灵相通吗?他是否还像以前那样宠爱、呵护你?如果不是,那就说明最近你和他可能有点疏远,你们也许都会为了维持这段感情而身心疲惫。那现在的你该怎么办呢?你还能撑下去吗?还有必要撑下去吗?你们在爱情的路上还能走多远?不要匆忙决定,还是看看他的态度到底如何吧!

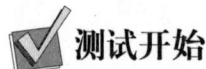

测试开始

第一部分:根据你们最近的状况,回答"是"或"否"。

1. 最近特爱吃东西,不再担心自己的身材。
2. 他不在的时候,已经不会时刻记起他,除非朋友跟你提起。
3. 回忆从前的点点滴滴,不再只是幸福,还夹杂了声声的叹息。
4. 以前他身上你无法忍受的缺点,现在不再指责、提醒,甚至可以视若无睹。
5. 你已经开始对他说谎了。
6. 不愿再花过多的时间去选择用哪一种香味的香水。
7. 旅行时拍的照片,都几个月了还没来得及冲洗。
8. 约会以后,已经不再想马上要见他。
9. 为他打扫完凌乱的房间后,已筋疲力尽,他却心安理得,你很生气。
10. 你现在会答应朋友们一起去聚会或参加Party,甚至会主动邀请朋友出去玩。
11. 不明情况的人问你有没有男朋友时,你没有立刻告诉他"有"。
12. 最近,偶尔会忘记他所交代的事。
13. 和他约会前已没有精心打扮的心情。
14. 现在总觉得一切都已无法改变,是注定的。
15. 有时觉得一个人也挺好。

第二部分:根据约会时的情况,选择较符合实际情况的答案。

1. 每次和他见面时的话题大多是:
A. 总有着不同的内容

B．基本是重复的话题
C．各自叙述自己这些天的事情

2．你们交往时的感觉发生了以下哪种变化：
A．不再像从前一样对约会有那么大的兴趣
B．觉得他对你不再温柔、体贴了
C．煲电话粥的时间和次数明显减少

3．如果你告诉他要和朋友去长途旅行，他会：
A．详细地追问你们旅行中的每一个细节，比如路线、人员等
B．不是滋味地说："真好呀，有那个上海男孩吗……"
C．冷淡地说："自己多小心！"就不再过问

4．他的生活最近有哪些变化？
A．升学、就业或跳槽。
B．喜欢上一种新的运动或游戏
C．常和他的哥们儿一起出游或者结交了新朋友

5．你们俩正在窃窃私语时被一阵门铃声搅乱，他的反应是：
A．无所谓的表情
B．赶紧去开门
C．觉得他特别生气或不舒服

6．当你们为了就餐的地点而产生分歧时：
A．他会顺从你的意见
B．你会顺从他的意见
C．到两人提议的地点以外的地方

7．你不知道他在哪儿，打电话找他，问他在干什么，他的回答是：
A．笑着说："你会在意吗？"
B．支吾着说："和朋友见面。""工作啦！"
C．没什么特别表示

8．假如你心情不好，深夜突然打电话给他说："我想见你。"他会：
A．委婉地拒绝道："太晚了，改天吧！"
B．不问理由地训斥你道："你怎么总这么任性呐！"
C．迷糊地对你说："我想睡觉……"

9．如果你告诉他说"我发现我已经有些不懂你了"之类的话，他的反应是：
A．反问你："为什么？"
B．干脆地说："没有呀！"
C．沉默以对

10. 他惹你生气之后，你们在冷战。他会：
A．先僵持着，最后还会是他先妥协，跟你道歉
B．爱理不理，待自己平复心情后，才又和以前一样地和你交谈
C．等你打破僵局

 评分标准

第一部分：每项答是"是"得1分，"否"得0分。
第二部分：A项2分，B项1分，C项0分。
1. 若第一部分的得分为0～5分，
第二部分的得分为16～20分，则为A型。
第二部分的得分为8～15分，则为B型。
第二部分的得分为0～7分，则为C型。
2. 若第一部分的得分为6～10分，
第二部分的得分为16～20分，则为D型。
第二部分的得分为8～15分，则为E型。
第二部分的得分为0～7分，则为F型。
3. 若第一部分的得分为11～15分，
第二部分的得分为16～20分，则为G型。
第二部分的得分为8～15分，则为H型。
第二部分的得分为0～7分，则为I型。

 测试结果

　　A型：别让你的任性夺走你的爱情。多为你们的爱情制造一些良好的氛围，既然彼此都还心存爱意，那就应该为这份爱再做一次努力。其实，分手的预感不过是庸人自扰罢了。这可能是彼此关系太过单调而导致的吧！你应该重新审视一下彼此，怎样才能回到开始恋爱时的甜蜜和激情，别随便把分手挂在嘴边。

　　B型：注意自己的言行，暂时静观其变。他的心态已经很平和，有些无所谓了，因为他已不再像开始时那样在意你的外表、你的健康甚至你的一切，对方可能开始考虑要分手了。最近，你对他的态度是否过于随便？是否在他的面前言行不够谨慎呢？如果这样下去的话，他可能会主动提出分手。如果你也失去了对他爱的感觉，那就洒脱地对他说："结束吧！"如果你还是舍不得放弃，最好是静观其变，如果真的到了尽头就别再犹豫和勉强。

　　C型：为自己的爱情再拼一次吧！你对他的爱已经情入膏肓，如果轻易地随他去，你心底的伤口可能会很长时间难以愈合。他似乎对你很冷漠，但是，

第四章 分享爱情中的真实情感

你仍旧深爱着他。因此，你要努力让他再回头。绝对不要想当然地认为："既然他不爱我，那就算了吧！"千万不能轻易放弃。否则，分手的时候，你对他还是会非常依恋的。带着伤痛是很难步入下段感情的，你也根本无法给下一个他一个完整的你。尽自己最大的努力吧，试着改变自己，让他有新鲜感，他也许还会回来的。

D 型：别弄假成真。他也许从来没想过分手，但是你老是在他的耳边唠叨你的不满，小心他会动摇的。这种想法是由于你自认为他很宠爱你，自信不会被他抛弃。难道你真的想和他分手吗？倘若觉得一个人会孤独、寂寞的话，建议你不要分手。请小心自己任性的行为和想法。你的任性很可能使他的自尊受到伤害，到时你后悔也没人陪你掉眼泪！

E 型：你们的爱情只在一念之间。你们似乎不约而同地认为爱真的走到了尽头，可能彼此心中都有分手的想法，只是都不愿主动提出。你们两人似乎都认为干脆分手会更好！只要一方提出分手，可能两人都会立马解脱。但是，如果其中的一方还是无法承受彼此分离的心理落差，舍不得放弃，还想回来，那你们的分手一定不会彻底。那么，该怎么办呢？如果彼此觉得分开可以找到更好的归宿，或者你已有了心仪的对象，也可以和他分手。

F 型：再问自己一次：我现在能离开他吗？你在他心中的位置已经不是最重要的了，看样子，他好像早就有意和你分手了。但是，因为你这么爱着他，使得他说不出分手的话语。现在，表面上你们还在交往，实际上，却是你一厢情愿。

该怎么办呢？要不要下定决心让他走呢？下不了决心的话，就假装不懂他的心思，继续和他玩一场爱情游戏，这也是一种方法。只是你要有充分的准备去承受被抛弃的痛苦，如果他真的不再爱你，这一天总会到来。

G 型：何不尝试一下单身贵族的惬意呢？你们两人可以开口提出分手了，为什么不表示出来呢？难道你不愿意主动提出分手吗？或者是因为你还爱着他呢？但是，和不喜欢的人一起生活，只会带来痛苦。总之，你们迟早会分手。所以，请赶快做好一个人过日子的心理准备吧！也许这还会是你生活的另一个转机呢！

H 型：此时不分，等待何时！在彼此还心存美好的时候，尽量地保存这份美好吧！别等到僵持不下的时候再去彼此伤害。你们现在正处于一触即发的状态。如果你想再稍微拖延一下分手时间的话，那么就应该听从他的安排。请利用这段时间做好面对即将来临的悲痛现实的准备吧！也许分手后，你对他还会有一些依恋。如果你不愿面对如此结果的话，那么就先甩掉对方吧！既然是由自己主动提议的，那么应该就可以更加释怀了吧！

I 型：你已经是在耗费自己的时间和生命！如果你一时还不能接受没有他的生活，那就离开你现在住的地方，进行一次长期旅行，或去朋友、亲戚家住一段日子，远离会让你想起他的任何地方，或者干脆找一个新的恋人。现在已到了分手的时刻，彼此的爱情已降至冰点了。再这样下去，坦白说只能算是耗费时间和生命。人生不是一次无尽头的旅行，每一段都要让自己活得更精彩！

心理视点

　　爱情这条路有人走得很艰辛、很痛苦，而有的人却走得很顺畅、很开心，不管爱情最后能否有结果，能否一起走过红地毯，都应该坦然地去面对，摆正自己的心态，把爱情看成是人生中的一次旅行，享受过程本身，何必太在意结果呢？当爱情走到尽头时，请不要伤感，微笑着对他说："谢谢你陪我度过了美好的时光！"然后向前寻找另一份快乐和幸福。

你恋爱的致命弱点是什么

　　恋爱并不是一切皆如己所愿的，心中憧憬的场景和实际情况总是大相径庭，在表白的紧要关头却变得胆怯，无法让心爱的他（她）真正了解自己。是什么原因让你的恋情停滞不前呢？这个测验，就是要检验你恋爱上的弱点在哪里。

测试开始

　　这里是南太平洋上的珊瑚岛，白沙、翡翠色的海、仿佛可看透的蓝天，构成一幅美景。在波浪拍打的沙滩上，有一位美女独自漫步，海风吹起她的金发，她拥有健康的肌肤，还有模特般的惹火身材。而且，她是一丝不挂的。她为什么一丝不挂呢？请选择一个理由。
　　A．那里是属于天体营俱乐部的小岛
　　B．她以为自己是穿着泳衣的
　　C．她是个女演员，正在拍摄电影
　　D．那里是个无人岛，岛上只有她一个人

测试结果

选A：受伦理观阻碍的类型。你是个天生守规矩的人，在恋爱上常常受社会规范束缚，而无法踏出最重要的一步，何不率直地行动？

选B：受自卑感阻碍的类型。你是否常常自认没有很好的条件而自行放弃？你容易将自己的评价得太低而且有害怕被拒绝、害怕受伤害的想法，这正是你恋爱上最大的败因。请对自己更有自信之后，再开始谈恋爱吧！

选C：受完美主义阻碍的类型。任何事情不做到完美就无法释怀，这种心理羁绊了你的恋爱脚步，使应该有美好结局的恋爱也不了了之。最好能够明白没有人是十全十美的，也唯有如此你才能找到真正属于自己的幸福。

选D：人际关系的多虑成为阻碍的类型。你过度在意周围的人，而无法自由恋爱，希望得到有父母亲和朋友们祝福的恋爱，你的这种想法太强烈，而致使最在意的恋爱失败了。不要奢望每个人都认同你的想法，最重要的是依自己的价值观行动。

 心理视点

心理评析恋爱是一件很美妙的事情，可是在爱情的道路上并不是一帆风顺的，总会有磕磕绊绊、不开心，处理不好就会一拍即散。谁也不想受伤和伤害别人，谁也不想在恋爱中失败，也不想在恋爱中处于被动状态，这就要求你在恋爱技巧方面多下功夫。

第五章
推开"性福"那道门
——揭开男女"性"的神秘面纱

打开性之门的钥匙

在性生活中,你是脚踏实地型,还是浪漫情调型,或是积极挑战型?要想知道自己的类型,就请开始下面的测试。

请想象有一个小屋。请试着在脑海中想象这栋小屋的大门钥匙。打开这栋小屋大门的钥匙是什么样的形状?请从 A～E 的钥匙中挑选一把最接近你的想象的钥匙。

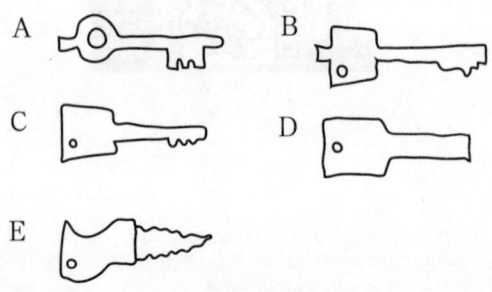

测试结果

A钥匙：不会无理强求或表现过大的欲望，渴望能脚踏实地、按部就班地向前努力的类型。

对于性也是不去冒险的老实人。即使有另一个邂逅的机会，也会因胆怯而不敢积极采取行动。

B钥匙：追求浪漫情调的人。为所爱的人奉献自己，凡事站在对方的立场为对方思考的温和类型。

内心充满着怀念过去爱的经历或已经结束的恋情。喜欢身材苗条的对象。重视二人独处的情调或感情胜于性爱的类型。

C钥匙：具有行动力、不服输的性格。积极地向新事物挑战的类型。

在性方面也是积极而强烈，平凡的恋爱方式无法获得满足，也是热情高涨的人。但是，很可能变成过于执着或纠缠不休。

D钥匙：对工作或赚钱充满着欲望，会标榜自己远大的目标而采取行动的类型。目前处于积极地向新事物挑战的状态。

这种类型的人渴望拥有另一个恋爱故事的意愿也极为强烈。

E钥匙：因欲求不满而心浮气躁或感到强烈不满的人。反抗心强、个性有些扭曲。缺乏坦率接受对方忠告的坦荡心胸。

这种类型的人对性也经常抱有强度的焦躁感。追求不平凡或变态的性爱，也常有外遇的念头。

心理视点

人的深层心理极为微妙，据说人对于钥匙所具有的印象和性欲的关系极为密切。根据弗洛伊德式的深层心理分析法，钥匙代表男性度、女性度。换言之，你在心中所描绘的钥匙的形状是表示性的欲求或状况。

你的性生活质量需要提高吗

测试导语

性生活在夫妻生活中占举足轻重的地位，夫妻只有情投意合、心心相印加上和谐的性生活，才能使夫妻恩爱有加。你的性生活质量怎么样呢？测试一下便知。

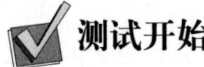 测试开始

1. 对自己的"性感"充满自信吗？
   A. 是
   B. 一般
   C. 否

2. 你对做爱时间有何特殊要求？
   A. 只习惯在晚上
   B. 无所谓

3. 你对性伴侣的选择是怎样的？
   A. 固定一个
   B. 不同时期有不同性伴侣
   C. 同一时期有不同性伴侣

4. 你的性需求强烈吗？
   A. 平均0～1次／周
   B. 平均2～4次／周
   C. 5次以上／周

5. 你是否接纳性教育电视节目或录像带？
   A. 接纳，因为可以指导我们在性生活中更加和谐
   B. 无所谓，偶尔看看也无妨
   C. 不接纳，里面讲得很荒谬可笑
   D. 不接纳，这类节目给人感觉放荡

6. 你对性生活有什么看法？
   A. 喜欢，因为它使我得到快乐
   B. 喜欢，因为它可以增进我们的感情
   C. 无所谓，是义务而已
   D. 令人厌恶

7. 你对做爱地点有何要求？
   A. 只习惯于在床上
   B. 如果有兴趣，可以在家里任何地方
   C. 如果有兴趣，可以私家车甚至户外花园里进行

8. 你认为对方获得满足比自己满足更重要，是吗？
A. 是
B. 双方都获得满足
C. 否，我获得满足最重要

9. 你购买情趣用品吗？
A. 买过
B. 想过，但没买过
C. 没买过，也不想用

10. 你和爱人有一个3岁的孩子，你会：
A. 让孩子和妈妈同睡，丈夫睡另一张床
B. 3人同睡一张床
C. 让孩子单独睡，夫妻同睡一张床

 评分标准

选项＼题号＼得分	1	2	3	4	5	6	7	8	9	10
A	2	0	2	0	2	2	0	0	0	0
B	1	1	1	2	1	1	1	2	1	0
C	0		0	0	0	0	2	0	2	2
D					0	0				

 测试结果

15～19分：你的性生活和谐而又不失浪漫，你了解性生活的重要性并且懂得如何维护良好的气氛。

8～14分：你的性生活出现了一些问题，受传统观念影响，你忽略了人类性的本能需要，但还好，这基本不会影响你和另一半的感情，如果双方认识相似，倒也未尝不可。

0～7分：你的性知识急需加强，每个人都有享受性的乐趣的权利，学习克服害羞是重要的一课。

心理视点

虽然性生活在夫妻生活中占着举足轻重的地位,但性生活不像人们想象的那样,可以无师自通,性生活也要不断求新、改善,才能提高质量。所以,要想拥有高质量的性生活应该做到以下几点。

(1)要学习一些性知识,尤其要掌握双方的性爱心理及行为上的异同点。

(2)要有充分的准备时间,即性调情与挑选时间。

(3)要掌握一定的性技巧,互为对方的欢乐创造条件。

(4)性生活结束后最忌男方忽视女方心情,独自睡去,应等待、陪伴女方进入消退期,同时在舒适、满足感中共入梦乡。

同时,要保持心情愉快,创造一个幽雅、清洁的环境,可以配以和谐的音乐,进行理想的性生活。

你是否患有勃起功能障碍

男人在性冲动时阴茎会勃起,但是这个自然过程有时并不顺利。不能勃起或勃起时不够坚硬难以插入阴道,称之为男子勃起功能障碍。

那么,你是否患有此种障碍呢?

 测试开始

	0分	1分	2分	3分	4分	5分
1.对获得勃起和维持勃起的自信程度如何		很低	低	中等	高	很高
2.受到性刺激而有阴茎勃起时,有多少次能够插入	无性活动	几乎没有或完全没有	少数几次(远少于一半时候)	有时(约一半时候)	大多数时候(远多于一半时候)	几乎总是或总是

	0分	1分	2分	3分	4分	5分
3.性交时,阴茎插入后,有多少次能够维持勃起状态	没有尝试性交	几乎没有或完全没有	少数几次(远少于一半时候)	有时(约一半时候)	大多数时候(远多于一半时候)	几乎总是或总是
4.勃起时,维持阴茎勃起直至性交完成,有多大困难?	没有尝试性交	困难极大	困难很大	困难	有点困难	不困难
5.性交时,有多少次感到满足	没有尝试性交	几乎没有或完全没有	少数几次(远少于一半时候)	有时(约一半时候)	大多数时候(远多于一半时候)	几乎总是或总是
得 分						

测试结果

若你的总分小于 21 分,建议您找医生做进一步检查,以确认是否患有勃起功能障碍。

心理视点

男子勃起功能障碍可由器质性病变或精神心理因素造成。一般来说,器质性病变引起的勃起障碍仅占 10%～15%,往往是原发性的。此种勃起障碍造成的原因很多,包括生殖系统疾病、全身性疾病、血管疾病、药物因素等,与勃起机制直接相关的神经、血管和内分泌疾病损伤均有联系。

而精神因素引起的勃起功能障碍占 85%～90%,常与某一次精神创伤有关,主要是由于大脑皮层抑制作用增强,使大脑性中枢得不到足够的兴奋造成的。

不能勃起可能引起焦虑和恐惧,有时甚至使人惊慌失措,这种心理的后果非常严重。情况恶化下去,患者感到性生活不是一种生活的乐趣,而是一种负担,周而复始,使勃起障碍的程度更趋严重。

其实勃起障碍可能只是在一两次性行为中感到力不从心,不能勃起。而男女双方感情不融洽,男方太疲劳,喝酒过量,甚至一些无关紧要的原因,都可以导致勃起障碍。因此,大可不必在心理上产生焦虑,这样反而会弄巧成拙,把情况搞得更糟。

女性自测性功能障碍

测试导语

据统计，女性性功能障碍的发生率在 35% ~ 60% 之间，其中以性欲低下和性高潮功能减退最为普遍。那么你有性功能障碍吗？做完下面的测试即可得知。每题只需回答"是"或"否"。

测试开始

1. 对性没有兴趣，总是丈夫主动要求。
2. 持续性地对性生活产生心理上的憎恶感。
3. 在性接触时总是不会产生正常的性兴奋反应。
4. 从来没有获得强烈的性快感和性满足。
5. 性交时感到疼痛。
6. 性交时发生痉挛。

评分标准

答"是"得1分，答"否"得0分。汇总得分。

测试结果

4 ~ 6分：你肯定具有性功能障碍，应尽快调节自己的心理，到医生处咨询。

2 ~ 3分：你可能有性功能障碍，应调节自己的心理。

0 ~ 1分：你的性功能正常，可以安心享受性生活带来的乐趣。

心理视点

女性性功能障碍通常表现为性欲产生障碍、性兴奋障碍和性交困难等。具体来说主要包括性欲低下、性厌恶、性唤起障碍、性高潮障碍、性交疼痛和阴道痉挛等。

临床表明，多数性功能障碍主要是由精神心理因素引起的。因此，治疗方法主要是解除精神压力、消除心理障碍。

（1）应转变思想观念，解除顾虑，消除心理障碍，应认识到性是人的正常需求，是夫妻生活不可缺少的，没有必要害羞或不好意思。

（2）积极学习性和谐的技术，提高性生活的质量。通过性快感的体验增强对性生活的兴趣。

（3）创造一个安静舒适的做爱环境，避免干扰。

（4）改善夫妻关系，夫妻关系融洽是高质量性生活的重要保证。

（5）改善身体的机能状态，增加营养和加强锻炼，保持旺盛的体力。

（6）如果是由某种疾病引起的，应该积极治疗，消除引起女性性功能障碍的根源。

你现在"性福"吗

测试导语

你现在"性福"吗？你在享受"性福"的时候，了解对方的感受吗？请做下面的测试。

测试开始

到了西餐厅，点餐后，冒热气的牛（猪、鸡）排端上桌来，可以开始享用了，拿着刀叉的你，请观察自己或别人是如何下手切割的，然后再开始享用美味。

　A．从中间切成两半，向两边分吃
　B．从右边开始切，吃一块再分切其他
　C．从左边开始切，吃一块再分切其他
　D．先全部切完，再一块块吃

测试结果

选 A：在两人的性爱关系中，这种人常常都是享受的一方，以自己舒服为第一优先。事前事后的相关"动作"都少得可怜，中间也只顾着自己不会在意伴侣到底是否快乐，办完事就会翻个身就又睡着了；要是单身的人，还会急急忙忙穿衣回家，连给对方一个拥抱都很吝啬。

选B：这是个温柔的对象，他（她）关心伴侣的"性"福。

选C：这种人对性的要求不高，对性的想法也很单纯，不会想得太多，有时兴趣来了，也会罗曼蒂克起来，来个床前的烛光晚餐等；但有时也是草草了事，不过也不是故意这么做的，所以这类伴侣的"性福"指数就是忽高忽低。

选D：这类人看似平常，可实际上占有欲很强，对于爱情与性也都占有欲强烈。

 心理视点

性爱是一种神圣的礼物，它是至高无上的情感交融，而"性福"需要两个人配合默契，双方都能从中获得幸福，不能只顾自己，不在意对方的感受，你要把性爱栽种在爱情的沃土里，去呵护、滋润它！

你了解爱人的需求信号吗

 测试导语

两个人的"性福"之路已经走了很远，那你知道你爱人的需求信号吗？当他（她）向你暗示的时候，你能很敏感地体会到吗？想知道答案就请做下面的测试吧。

 测试开始

号称"印度国食"的咖喱食物，特殊的口味让人难忘。如果到咖喱店，不常吃咖喱的你会选哪种口味来尝试？要是你的他（她）是个正宗的咖喱迷，就选他（她）平常最常吃的口味吧！

A．鸡肉或其他肉类口味

B．超辣口味

C. 蔬菜口味
D. 海鲜口味

测试结果

选A：当他或她需要你时，就会比往常殷勤，例如接送对方上下班、做家务，或是送花等礼物，态度也比平日温柔许多。

选B：他（她）的性暗示，都是很明快的，例如主动建议看些有亲热场面的片子，或是告诉你他（她）又买了新内衣裤，要是你还是听不懂，他（她）也懒得再暗示什么，干脆"自我安慰"还比较快。

选C：这种人想做那种事时，是死也不会开口说什么，不过仔细观察，还是能看出一些蛛丝马迹，因为他（她）行为会变得怪异，对你忽冷忽热，有时还会痴痴望着你半天，或是在浴室待的时间比往常多很多，这些都是暗示，要是你不明白，他（她）就生闷气，行为会更怪。

选D：你的爱人想做爱时，会单刀直入，暗号就是一直黏着你，会用肢体不断碰触你，如抚弄你的手掌，爱抚你躯体的某些部位，还带着色色的笑容，只差没明白说出"快来做吧"的字眼了！

心理视点

牢固的爱情关系，并不能为每次性生活提供永不枯竭的激情，仍需要有激情的培养，仍需要激发"性"趣，仍需要做调动性欲的准备。因此，做爱前的"求爱"就显得隆重而成为头等大事。

做爱前的"求爱"包括发出性信号，调情唤起情侣的性欲，促使其接受或积极响应，并以性挑逗揭开性交的序幕。概括做爱前的"求爱"有两个方面，即性调情和性挑逗。

通过这个小测试，你想必清楚地知道了你爱人的需求信号了吧！以后要做个敏感的人，不要让你的另一半失望！

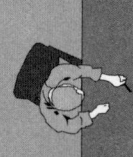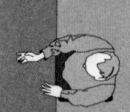

第六章
为人处世，左右逢源
——社交心理奥秘探寻

与人交往，你属于哪类人

 **测试导语**

在与人交往中，你属于主动型，还是领袖型或是依从型？要了解自己在人际交往中的类型，请做下面的心理测试。

 测试开始

请对下列问题做出"是"或"否"的选择：
1. 碰到熟人时我会主动打招呼。
2. 我常主动写信给友人表达思念。
3. 旅行时我常与不相识的人闲谈。
4. 有朋友来访我从内心里感到高兴。
5. 没有引见时我很少主动与陌生人谈话。
6. 我喜欢在群体中发表自己的见解。
7. 我同情弱者。
8. 我喜欢给别人出主意。
9. 我做事总喜欢有人陪。

10. 我很容易被朋友说服。
11. 我总是很注意自己的仪表。
12. 如果约会迟到我会长时间感到不安。
13. 我很少与异性交往。
14. 我到朋友家做客时从不会感到不自在。
15. 与朋友一起乘坐公共汽车时我不在乎谁买票。
16. 我给朋友写信时常诉说自己最近的烦恼。
17. 我常能交上新的知心朋友。
18. 我喜欢与有独特之处的人交往。
19. 我觉得随便暴露自己的内心世界是很危险的事。
20. 我对发表意见很慎重。

评分标准

第1、2、3、4、6、7、8、9、10、11、12、13、16、17、18题答"是"记1分，答"否"不记分，第5、14、15、19、20题答"否"记1分，答"是"不记分。

测试结果

1～5题：分数说明交往的主动性水平，得分高说明交往偏于主动型，得分低则偏于被动型。主动型的人在人际交往中总是采取积极主动的方式，适合需要顺利处理人与人之间复杂关系的职业，如教师、推销员等。被动型的人在社交中则总采取消极、被动的退缩方式，适合不太需要与人打交道的职业，如机械师、电工等。

6～10题：得分表示交往的支配性水平，得分高表明交往偏向于领袖型，得分低则偏于依从型。领袖型的人有强烈地支配和命令别人的欲望，在职业上倾向于管理人员、工程师、作家等。依从型的人则比较谦卑、温顺，惯于服从，不喜欢支配和控制别人，他们愿意从事那些需要按照既定要求工作的、较简单而又比较刻板的职业，如办公室文员等。

11～15题：得分表示交往的规范性程度，高分意味着交往讲究严谨，得分低则交往较为随便。严谨型的人有很强的责任心，做事细心周到，适合的职业有警察、业务主管、社团领袖等；而随便型的人则适合艺术家、社会工作者、社会科学家、作家、记者等职业。

16～20题：得分说明交往的开放性，得分高偏于开放型，得分低则意味着倾向于封闭型，如果得分处于中等水平，则表明交往倾向不明显，属于中间综合型。开放型的人易于与他人相处，容易适应环境，适合会计、机械师、空中小姐、服务员等职业；封闭型的人适合的职业有编辑、艺术家、科学研究工作等。

心理视点

能否搞好人际关系与自身的性格有很大的关系，一般主动型、开放型的性格能更好地处理人际关系，所以为了能在人际关系中如鱼得水，请主动些、积极些、开放些、宽容些。

《灰姑娘》童话看你的为人

测试导语

在人际交往中，在朋友的眼中，你的为人如何呢？想知道自己这方面的素质，请做下面的测试。

测试开始

几乎每一个人小时候都听过《灰姑娘》这个童话故事，在下面的几段故事当中，你对哪一段印象最深？

A．仙女施法力，让灰姑娘顿时换上漂亮的新衣
B．灰姑娘乘坐南瓜车前往皇宫
C．舞会中灰姑娘与王子翩翩起舞
D．灰姑娘试穿玻璃鞋，刚好合适

测试结果

选A：你习惯用金钱攻势，达到自己的目的，譬如你总是穿戴名牌服装，吸引大家的注意；你会请朋友到高级餐厅用餐，让大家喜欢跟在你的身边。金钱攻势的效果不错，但是却不是长久之计，应多充实自己。

选B：在朋友的眼中，你是一个开朗率直的人，平时也很热心助人，人

缘还不错。而你的个性弱点是容易生气和有权力欲望,可能动不动就会和别人发生冲突,让大家对你的好印象毁于一旦,平时应该多注意。

选C:你很在意自己在别人心中的形象,所以会不知不觉地刻意表现自己,也可以说你是比较爱出风头的。别人可能会觉得你的表现欲过强,而不想和你在一起,你应该留意自己的行为举止和待人方法。

选D:你喜欢和别人沟通和分享,不过有时候可能显得过于急躁,于是让别人觉得你有自作多情的倾向,建议你凡事要公平、理智、恰到好处,因为你以为好的,别人不一定这么认为,要多站在别人的立场想一想。

心理视点

为人处世的六字真言。
和:礼之以和为贵。
智:智者总令人多一份信任。
诺:一诺千金。
诚:真诚是制胜的法宝。
德:高尚的品德是人际关系的基础。

你的公关能力如何

公关能力表现为一个人在社交场合的介入能力、适应能力、控制能力以及协调性等。良好的公关能力是现代社会生活中人的重要素质之一。

下面设计了各种环境中的对话,你会选择哪种回答?每种回答都标有不同的分值,做完后将总分值与结果对照,可以预知你的公关能力。

1. 在宾馆,顾客说:"瞧!你把我的新衣服洒上了水,怎么办!"你作为服务员回答:

A．"谁叫你走路不长眼睛。讨厌！"
B．"对不起，请用毛巾擦一下吧！"
C．"真糟糕！怎么办好呢？"

2．在学校，当你和同学们一起议论另一个同学时，其中一位同学说："他又碰钉子了。"你接着说：
A．"那家伙差劲！真差劲！"
B．"是真的吗？"
C．"真可怜！"

3．在家中，妈妈说："成绩还是这样差，是怎么回事！"你答：
A．"是妈妈的孩子呗，没办法！"
B．"对不起，我已努力了。"
C．"下次会让你高兴的。"

4．在公共汽车站牌前，因人多而没有挤上去，你的朋友说："等一会儿再上吧！"你回答：
A．"老是这样会一直乘不上车的！"
B．"是的，等下一班吧。"
C．"高峰期总是这样，真讨厌！"

5．在饭店酒桌上，顾客说："这杯子没有洗净，上面还有手印呢！"如果你是服务员，作何回答？
A．"洗净了，用不着担心。"
B．"真抱歉！"
C．"对不起！我来换一个。"

6．在公共汽车上，由于人多互相拥挤，有人对你说："不要挤！"对此，你作何反应？
A．"人多，没办法！请你向前靠些好了！"
B．"对不起！"
C．"真是的，我也不想挤！"

7．与恋人约会时，恋人因来晚了而对你说："哟，我来迟了。"你作何回答？
A．"真不礼貌！稀里糊涂的。"
B．"不必介意！不必介意！"
C．"没关系。你是我喜爱的人嘛！"

 **评分标准**

题号 答案 得分	1	2	3	4	5	6	7
A	1	1	1	3	1	1	1
B	3	3	2	2	2	3	2
C	2	2	3	1	3	2	3

 测试结果

0~3分：公关能力很不理想。在公共场合，常常带有强烈的攻击性，碰到不顺心的事就立即发怒。极少具有公关意识，不适合群体性工作。

4~12分：具有很强的公关意识和公关能力，具有很强的社交能力和协调能力。遇事能够仔细考虑他人情绪和周围环境。即使遇到讨厌的事情，如有必要，也能够控制住自己的感情去适应环境。具有承担责任的勇气，需要注意的是：不要过于冷静，以致淡漠处世，丧失个性，失去发展自我的机会。

13~21分：社交能力较差，并对自己的好恶不太外露。但在行动上给人以唯我独尊的印象，不太考虑别人的情绪，不善于理解别人的行动。因此，你要注意把自己放在大环境中去，并且适应环境。

心理视点

公关能力提高秘诀：
(1)充满自信是公关的第一步。
(2)勿谈对方的缺点。
(3)学会称赞。
(4)无声的语言——微笑必不可少。
(5)不要以自我为中心，多考虑他人。
(6)尽量选择无关紧要的话题，忌讳讲话不讲究场合和方式，说话要负责任、考虑后果。

你的交际弱点在哪里

 **测试导语**

每个人的性格、爱好都是不尽相同的,这就决定了每个人的处世方式中总有别人不习惯或者无法忍受的一面,而个人又是很难对自己的这一面有所察觉,那就让这个测试题来帮你分析吧。

 测试开始

你在学校度过的时间里,特别是心理上极度叛逆的时期,你觉得老师身上最不能让你忍受的是什么?

A. 情绪不稳定,容易"歇斯底里",对学生实行精神压迫
B. 专制,不听取学生的意见
C. 不公平,偏袒所谓的好学生
D. 对学生使用暴力

测试结果

选A:这个选择其实就是自我缺陷的自然暴露。你一有什么不如意的事就会"歇斯底里",不是四处大声叫嚷,就是突然大声哭泣……你这种自我表现的方式也许太过幼稚,而且很容易引起别人的情绪疲劳。为了使人际关系更加融洽,你必须对周围的人多一份爱心,同时要注意克制自己的情绪。

选B:你具有站在队列前缘将周围人猛推向前的统帅能力,在集体中往往起到决定性的作用。但是你需要有多吸取一些周围人意见的谦虚态度,否则,最终有可能谁也不会再顺从你。你的缺点就是很少听取他人的意见和建议。

选C:你可能有一些心理恐慌症的表现。你的交际范围容易往纵向深入,而很难向横向扩展,你往往把自己讨厌的人彻底排除在外,似乎只愿意与某一些特定的人建立良好的关系,所以,你属于不善扩大交际圈的一类人。你甚至会要求与你关系亲近的友人"不要与不喜欢的人交往"。你要懂得博爱的内涵。

选D:你这样的处世方式是很危险的。你的缺点是动辄变得粗暴无礼。你的问题不仅表现在行为上,还有语言暴力。假如是因为对方态度恶劣导致你正当防御还情有可原,而你往往却是稍不如意就出口或出手伤人。你一定

要注意控制自己的情绪，否则你会很容易和不了解你的人产生激烈的矛盾。

> **心理视点**
>
> 处理人际关系有五种障碍。
>
> (1)交往恐惧症。一人对多人的恐惧。与人交往时，个人针对某个人说话、动作、表情和态度就比较自然，可以直接得到对方的反应和认同。如果是同时针对几个人或更多的人就不免有些拘束和紧张。对陌生人感到恐惧，因为不知道对方是敌是友，是尊是卑，所以为了自我保护而产生恐惧感。
>
> (2)交往多疑症。总是猜测对方会怎样看自己，怕因此影响彼此之间的关系，给自己心理造成负担。认为周围的人尔虞我诈，不择手段，品行低劣但又装模作样过分正经，敏感猜疑，缺乏真诚和起码的理解和信任。
>
> (3)交往自大症。总是希望别人有求于自己，而自己不求别人。认为周围的人胸无大志，婆婆妈妈，层次太低。通常是相对成功的人士。突出的缺点就是不会倾听。
>
> (4)交往自卑症。总是以为自己低人一等，怕别人指责自己，看不起自己，最后是封闭自己、隔绝自己。这一类人通常会用虚假的自尊掩盖自己的真实自卑。
>
> (5)交往小气症。只想收获，不想付出；只想得到、索取，不想给予。

你的人缘怎么样

测试导语

"人缘"即是指同领导、群众、同事、朋友的关系，那么你的人缘怎样呢？请你根据自己的实际情况，对下面15个问题如实回答，然后对照后面的分数统计表计算分数，再看分数评语，你就会知道自己是否善于交朋友，以及人缘如何。

测试开始

1.当你有问题的时候，你是不是：
A.通常感到自己完全能够应付这个问题
B.向你所能依靠的朋友请求帮助

C. 只有问题十分严重时，才找朋友

2. 下面哪一种情况对你最为合适，或者接近你的实际情况？
   A. 我通常让朋友们高兴地大笑
   B. 我经常让朋友们认真地思考
   C. 只要有我在场，朋友们就会感到很舒服、愉快

3. 假如朋友对你恶作剧，你会：
   A. 跟他们一起大笑
   B. 感到气恼，但不溢于言表
   C. 可能大笑，也可能发火，这取决于你的情绪

4. 当你休假的时候，你会：
   A. 很容易交上朋友
   B. 比较喜欢自己一个人消磨时间
   C. 想交朋友，但发现这不是一件很容易的事

5. 假如让你参加一次活动，或者在聚会上唱歌，你会：
   A. 找借口不去
   B. 饶有兴趣地参加
   C. 当场就直接地谢绝邀请

6. 在下面的三种品质中，哪一种你认为是你的朋友应该具备的？
   A. 使你感到快乐和幸福的能力
   B. 为人可靠、值得信赖
   C. 对你感兴趣

7. 你和朋友们在一起时过得很愉快，是因为：
   A. 你发现他们很有趣，既爱玩又会玩
   B. 朋友们都很喜欢你
   C. 你认为你不得不这样做

8. 你和朋友的关系一般能维持多长时间？
   A. 一般情况下有不少年
   B. 有共同感兴趣的东西时，也可能一起待几年
   C. 一般时间都不长，有时是因为迁居别处

9. 你发现：
   A. 你只是同那些能够与你分担忧愁和欢乐的朋友们相处得很好
   B. 一般来说，你几乎和所有人都能相处得比较融洽
   C. 有时候你甚至和对你漠不关心、不负责任的人都能相处下去

10．当你的朋友有困难时，你发现：

A．他们马上来找你帮助

B．只有那些和你关系密切的朋友才来找你

C．通常朋友们都不会麻烦你

11．当你安排好见一个朋友，但你又感到很疲倦，却不能让朋友知道你的这种状况时，你会：

A．希望他会谅解你，尽管你没有到朋友那儿去

B．还是尽力去赴约，并试图让自己过得愉快

C．到朋友那儿去了，并且问他如果你想早回家，他是否会介意

12．假如朋友想依赖你，你有什么想法？

A．在某种程度上不在乎，但还是希望能和朋友保持距离，有一定的独立性

B．很不错，我喜欢让别人依赖，认为我是一个可靠的人

C．我对此持谨慎的态度，比较倾向于避开可能要我承担的某些责任

13．你要交朋友时，是：

A．通过你已经熟识的人

B．在各种场合都可以

C．仅仅是在一段较长时间的观察、考虑，甚至可能经历了某种困难之后才交朋友的

14．对你来说，下面哪个是真实的？

A．我喜欢称赞和夸奖我的朋友

B．我认为诚实是最重要的，所以我常常不得不持有与众不同的看法，我讨厌鹦鹉学舌

C．我不奉承但也不批评我的朋友

15．一位朋友向你吐露了一个非常有趣的个人问题，你的想法是：

A．尽自己最大努力不让别人知道它

B．根本没有想过把它传给别人听

C．当朋友刚离开，你就马上找别人来讨论这个问题

 评分标准

题号 答案	1	2	3	4	5	6	7	8	9	10	11	12	13	14	15
A	1	2	3	3	2	3	3	3	3	3	1	2	2	3	2
B	2	1	1	2	3	2	2	2	1	2	3	3	3	1	3
C	3	3	2	1	1	1	1	1	2	1	2	1	1	2	1

测试结果

36～45分：你对周围的朋友都很好，你们相处得不错。而且，你能够从平凡的生活中得到很多乐趣。你的生活是比较丰富多彩而且充实的，你很可能在朋友中有一定的威信，他们很信任你。总之，你擅长结交朋友，你的人缘很好。

26～35分：你的人缘不怎么好，你和朋友们的关系不牢固，时好时坏，经常处于一种起伏波动的状态。这就表明，一方面你确实想让别人喜欢你，想多交一些朋友，尽管你做出很大努力，但是别人并不一定喜欢你，朋友跟你在一起可能不会感到轻松愉快。你只有认真坚持自己的言行，虚心听取那些逆耳忠言，真诚对待朋友，学会正确地待人接物，你的处境才会改变。

15～25分：太糟糕了！你很可能是一个孤僻的人，不活跃、不开朗、喜欢独来独往。但是，这一切并不意味着你不会交朋友，更不能武断地说你人缘差。其主要原因在于你对于社交活动、对人和人之间的关系不感兴趣。但是，请你记住，一个人生活在社会中，就不可能不和人交往，认识到这一点，你就会积极地改善自己的交友方式了。

心理视点

如何才能拥有一份好人缘呢？俗话说得好，牵牛要牵牛鼻子。这人缘的事，只要贴近了人的心，就八九不离十了。也许有人会说，人心隔肚皮，哪能说贴就贴？看过了太多人世间的尔虞我诈、相互利用，很多人早已忽视了"真诚"二字。其实，这简单的二字，便是让人心贴心的强力胶。所谓真，便是真真切切做人，真心实意对人，真情真意留人。而所谓诚，便是诚实守信，诚恳真挚。真诚的人，人前人后一个样，少了掩饰多了自在；真诚的人，心存宽厚，面露和色，少了烦恼多了欢乐；真诚的人，话语中肯，将心比心，少了虚伪多了温情。本着你的真心，借着你的诚意，必能迎来人生完美的人缘。

你有社交恐惧症吗

 **测试导语**

有些人讨厌面对人群或是害怕面对人群，他们不只是觉得害羞、不好意思，

而是对自己以外的世界有着强烈的不安感和排斥感。这种因对社交生活和群体的不适应而产生的焦虑和社交障碍称作社交恐惧症。那么你是否患有社交恐惧症呢？你可以进行下面的测试得知。

请在15分钟内完成试题，每题有5个选项：A．根本不符合； B．某方面符合；C．比较符合； D．大部分符合； E．完全符合。

 测试开始

1．和不熟的人聚会时，我会很不自然。
2．和老师或上级交谈时，我会很不自在。
3．我在面试中常常不知所措。
4．我是个比较内向的人。
5．和权威人士对话使我很害怕。
6．即使在非正式场合我也会感到不安和害怕。
7．我处在与我不同类型的人群当中感觉很舒服、很自在。（Q）
8．假如给一个陌生人打电话，我会有紧张感。
9．和交往不深的同性交谈会让我产生不适感。
10．和异性谈话时我会感到更加自在。（Q）
11．我是个比较不害怕与人交际的人。（Q）
12．在人多的场合我不会有什么不自在。（Q）
13．我想让自己更擅长与人交际。
14．和很多人聚在一起时我不知该做什么。
15．如果面对一位吸引人的异性，我会不知所措。

评分标准

不带"Q"的题目，选A计1分，选B计2分，选C计3分，选D计4分，选E计5分；带有"Q"标记的反向记分，即选A得5分，选B得4分，选C得3分，选D得2分，选E得1分，最后计算总分。

 测试结果

15～59分：善于交际，没有社交恐惧症。

60～75分：不善于交际，有社交恐惧症倾向。

> **心理视点**
>
> 　　社交恐惧症已经是在抑郁症和酗酒之后排名第三的心理疾病，而且因为现在每个人面临的压力愈来愈大，所以罹患的人数有上升的趋势。治疗社交恐惧症可分为心理治疗和药物治疗。病状较轻微的人只需要接受心理治疗；若是病情较严重，就应该请求医师配合药物治疗。

你是活跃的社交明星吗

在社交中，你是活跃的，还是寂寞的？做完下面的测试，就知道了。

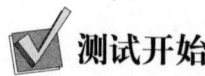

1. 如果你想去参加某个技艺学习班，你会选择下列4个中的哪一个？
   A. 厨艺学习班
   B. 英语会话学习班
   C. 舞蹈学习班
   D. 陶艺学习班

2. 你准备在家中安装一个内部对讲机，你会选择什么样的呢？
   A. 带摄像头的内部对讲机
   B. 能够说话的内部对讲机
   C. 仅仅只有铃声的内部对讲机
   D. 不安装

3. 你今天跟恋人有约会，但早上起来时，感觉身体很酸痛。一量体温，快要接近38℃了。似乎感冒了的你会怎么办呢？
   A. 即使很勉强，也要出发
   B. 不想出门，让他到家里来
   C. 不联络，擅自取消约会
   D. 打电话给他，取消约会

4. 你所在的单位来了一位新人，你有什么样的表现呢？

A．主动与他聊天并带他熟悉工作环境
B．偶尔会说几句话，但很少
C．只是见面打声招呼
D．对他视而不见

5．上学时，你在班上担任最多的职务是什么？
A．生物小组组长
B．卫生小组组长
C．班刊的主编
D．班级委员

6．你现在是一个人生活，繁忙的工作已经让你筋疲力尽，正在烦恼晚饭该怎么解决，你最想避免的是哪一个？
A．在便利店买回快餐，一个人在家里吃
B．一个人在餐厅里吃
C．跟公司里的人一起去吃饭
D．跟朋友一起去吃饭

评分标准

题号 答案　得分	1	2	3	4	5	6
A	2	4	2	4	1	3
B	3	3	4	3	2	4
C	4	2	1	2	3	2
D	1	1	3	1	4	1

测试结果

21分以上：你超众的社交能力，有时也会招致麻烦。你非常善于交际，喜欢参加各种社交活动，经常被邀请参加同学聚会、音乐会、结婚典礼等。"自来熟"型的你，无论跟谁都能成为朋友，在社交场合可谓如鱼得水，你热情友好的性格，会让初次见面的人觉得跟你很谈得来，但一定要把握分寸，如果你表现得过分亲热，反而容易招致厌恶。此外，对于初次交往的人，你要多多少少有点戒备心理，否则一不留神，就可能招来麻烦。

15～20分：进退有度，你是魅力出众的"社交明星"！你与人交往的分寸拿捏得非常好。虽然你很喜欢与人交往，但是不会毫无顾忌、嬉皮笑脸地哗众取宠。你恰到好处的态度，会让所有与你交往的人感觉很舒服，即使是初次相识的人，也能与你相处得很自在。你赢得交际桂冠的法宝就在于，你能很好控制与他人的距离，根据对方的性格和接触的时间，很自然地与之保持交往的分寸。

8~14分：你看起来很合群，其实那是因为你不会拒绝别人。你并不是很善于交往的那一类人。有时你会觉得与其跟朋友或者同事们一起玩，还不如一个人在家里看看书或者看看电视的好。但是你一旦被邀请，又会觉得不好意思拒绝。你的这种随和的个性，会让你碍于情面，参加一些本不感兴趣的集体活动。从这个意义上来说，你也许可以说得上是表面上有社交能力的人。

7分以下：你孤僻内向，是别人眼中很难交往的一个人。你不善交际，非常内向。你根本不想跟其他人深交下去，朋友也很少。这种"独往独来"的性格，很容易被人认为是一个"很难交往的人"。这类型的人，需要敞开心扉，努力融入社会。虽然有时人际关系很让人烦恼，但在你遇到困难的时候，也离不开朋友和同事们的帮助。下次遇到邀请时，欣然前往吧，也许这将使你的人生翻开新的一页！

 心理视点

罗斯福说："成功公式中，最重要的一项因素是与人相处。"保罗·盖帝说："一个主管，不管他拥有多少知识，如果他不能带动人完成使命，他是毫无价值的。"

可见，拥有良好的交际能力对我们是至关重要的，主要表现在：

(1) 人脉会成为你很有价值的资源。

(2) 你有机会成为优秀的领袖，人们乐意协助你。

(3) 你能把智慧、精力集中在创造性的建设。紧张的人际关系常把情感力量消耗殆尽。

(4) 你对自己较有自信，自我形象较佳。

(5) 与你共事的人工作效率较高。

(6) 你会是快乐的人，心理比较健康。

(7) 你拥有较多成功机会。

第七章
看看你有多聪明
——IQ 测试大挑战

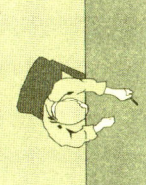

看看你的 IQ 有多高

测试导语

IQ 是 Intelligence Quotient(智商)的缩写,是一种用来测量智力的"心理测量学"测试方法。它主要是通过各种试题来评估测试者的语言、数学、空间、记忆与逻辑推理能力。IQ 测试将普通人的正常智商水平定在 90 ~ 110 之间,分值高出这个范围的人被认为具有特殊才能,甚至是天才。下面是欧洲最流行的智商测试题,共 33 题,测试时间为 25 分钟,最大 IQ 为 174 分。

测试开始

第 1 ~ 8 题,请从理论上或逻辑的角度在后面的空格中填入后续字母或数字。
1. A, D, G, J,
2. 1, 3, 6, 10,
3. 1, 1, 2, 3, 5,
4. 21, 20, 18, 15, 11,
5. 8, 6, 7, 5, 6, 4,
6. 65536, 256, 16,

7. 1, 0, −1, 0,
8. 3968, 63, 8, 3,

第9～15题：请从备选的图形(a、b、c、d)中选择一个正确的填入空白方格中。

9.

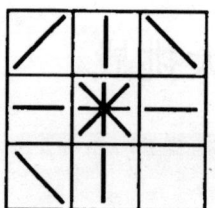

10.

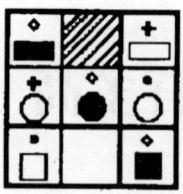

11.

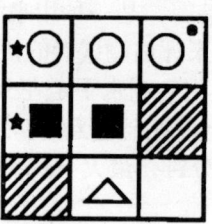

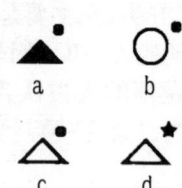

12.

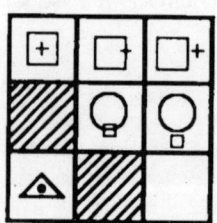

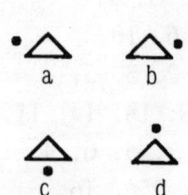

13.

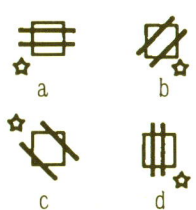

14.

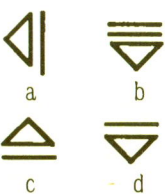

15.

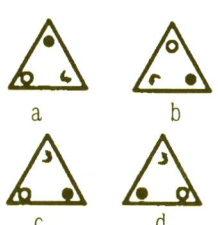

第16～25题：请从备选的图形（a、b、c、d）中选择图形填入空缺方格，以满足下列图形按照逻辑角度能正确排列下来。

16.

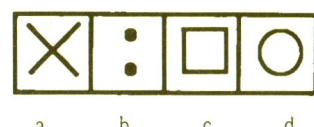

17.

18.

a b c d

19.

a b c d

20.

a b c d

21.

a b c d

22.

a b c d

23.

a b c d

24.

a b c d

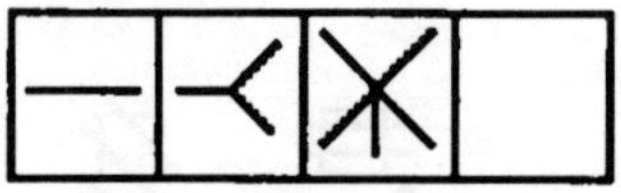

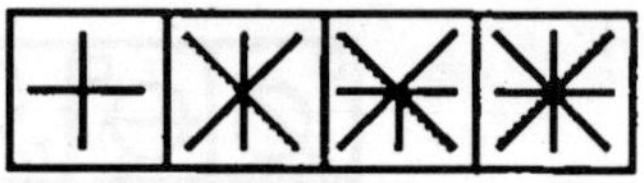

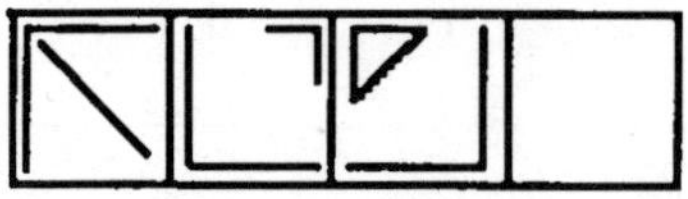

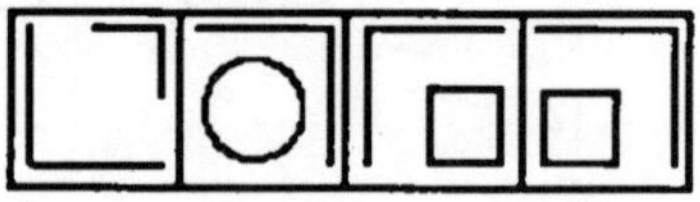

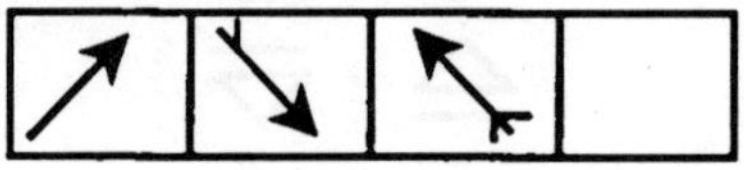

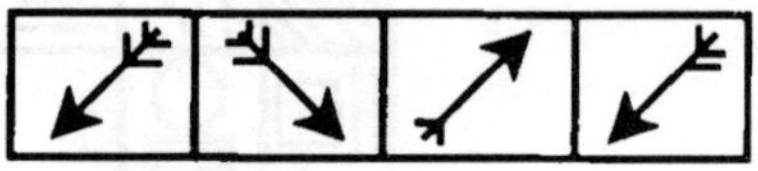

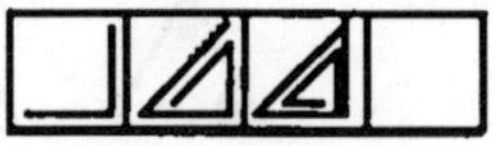

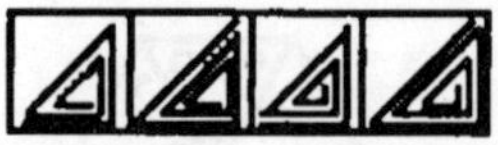

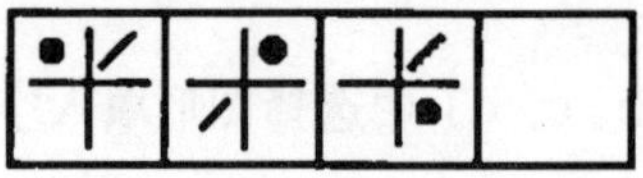

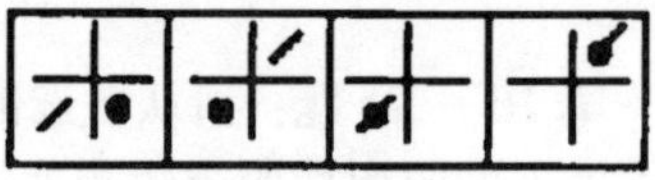

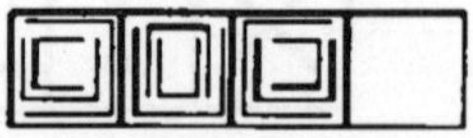

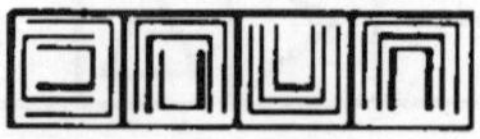

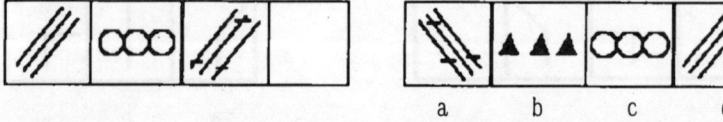

25.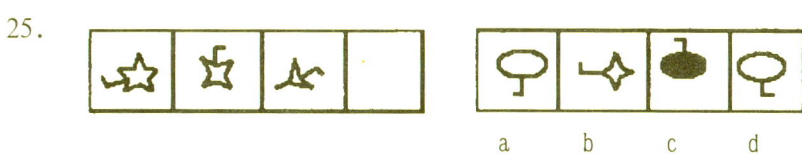

第26～29题：四个图形中缺少两个图形，请在右边一组图形(a、b、c、d、e)中选择两个插入空缺方格中，以使左边的图形从逻辑角度上能成双配对。

26.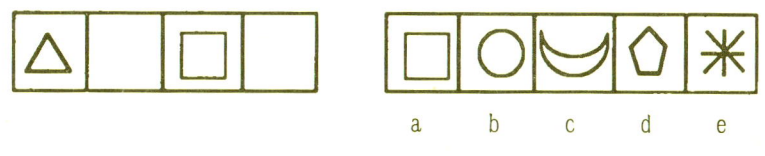

27.

28.

29.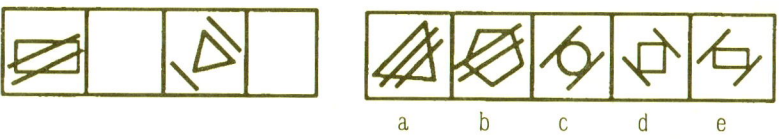

第30～33题：在下列题目中每一行都缺少一个图，请在右边一组图形(a、b、c、d)中选择一个插入空缺方格中，以使左边的图形从逻辑角度上能成双配对。

30.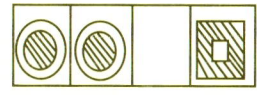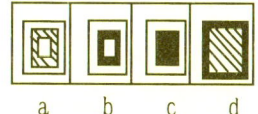

31.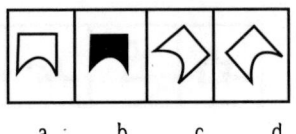

a　　b　　c　　d

32.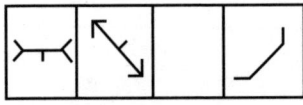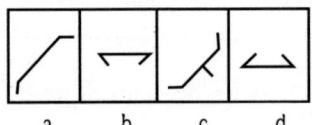

a　　b　　c　　d

33.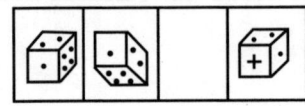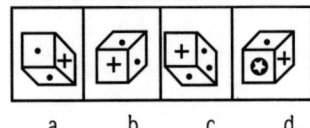

a　　b　　c　　d

参考答案

1. M	2. 15	3. 8	4. 6
5. 5	6. 4	7. 1	8. 2
9. b	10. d	11. c	12. a
13. c	14. d	15. c	16. c
17. b	18. d	19. d	20. d
21. c	22. c	23. d	24. b
25. a	26. a 和 d	27. b 和 a	28. a 和 d
29. b 和 d	30. d	31. c	32. b
33. c			

 评分标准

计分时请注意，先分别按计分标准算出各部分得分，而后将几部分得分相加，得到的那一分值就是你的最终得分。

第 1～8 题，每题 6 分，计_____ 分。

第 9 题 6 分，第 10～15 题，每题 5 分，计_____ 分。

第 16～25 题，每题 5 分，计_____ 分。

第 26～29 题，每题 5 分，计_____ 分。

第 30～33 题，每题 5 分，计_____ 分。

总计为 _____ 分。

 **测试结果**

70 分以下：你的智力存在严重的问题。

70～89 分：你的智力低下，在这范围之内的人，在社会生活中成功的机会很小。

90～99 分：你的智力中等，你在生活中要想成功，必须努力，潜在的事业机会是一些简单的装配、服务及辅助工作。

100～119 分：你的智力中上，而要想成功，不能懈怠。

120～129 分：你的智力非常优秀，成功的机会唾手可得，但不能因此而骄傲。

130～139 分：你的智力非常优秀，成功对于你来说并非难题，但贵在坚持。

140 分以上：你就是独一无二的天才！

心理视点

上述这套智力测试题在近几年非常流行，被许多专家、学者认可，而且被百事公司、麦当劳公司、宝洁公司、雀巢食品公司等世界 500 强诸多企业认同，作为员工招聘、员工素质调查的基本试题。如果你具有超凡的智商，那么恭喜你；如果你的智商只是一般或偏低，你也无须伤心，因为影响智商的因素较多，智商测试不理想，并不代表你一无是处，或许在某一方面你就是强者。

你有很高的创造力吗

 **测试导语**

一个企业讲究创新能力，一个人讲究创造能力，这两者的道理是一样的：唯有创造才能进步。对于个体而言，创造力能将人带入一个又一个人生新境界，这就是创造的魅力。请你做做下面这个测试，看看你的创造能力如何。

请在每一句话后面，用一个字母表示同意或不同意，同意的用 A 表示，不同意的用 B 表示，不清楚或拿不准的用 C 表示。

 **测试开始**

1. 我不做盲目的事，干什么都有的放矢，用正确的步骤来解决每一个问题。
2. 只是提出问题而不想得到答案，无疑是浪费时间。
3. 无论什么事情，要我解决，总比别人困难。
4. 我认为合乎逻辑的循序渐进，是解决问题的最好方法。
5. 有时，我在小组发表意见，似乎使一些人感到厌烦。
6. 我花费大量时间来考虑别人是怎样看待我的。
7. 做自己认为正确的事情，比力求取得别人的赞同更重要。
8. 我不尊重那些做事似乎没有把握的人。
9. 我需要的刺激和兴趣比别人多。
10. 我知道如何在考试前，保持自己的心情平静。
11. 为解决难题我能坚持很长一段时间。
12. 我有时对事情过于热心。
13. 在特别无事可做时，我倒常常能想出好主意。
14. 在解决问题时，我常常单凭直觉判断"正确"或"错误"。
15. 在解决问题时，我分析问题较快，而综合所收集的材料较慢。
16. 有时，我打破常规去做我原来并未想到要做的事。
17. 我有收集东西的癖好。
18. 幻想促进我许多重要计划的提出。
19. 我喜欢客观而有理性的人。
20. 如果让我在两种职业中选择一种，我宁愿当一个实际工作者，而不愿当一个探索者。
21. 我能与我的同事或同行们很好地相处。
22. 我有较高的审美观。
23. 在一生中，我一直追求着名利和地位。
24. 我喜欢坚信自己结论的人。
25. 灵感与获得成功无关。
26. 使我感到最高兴的是，原来与我观点不一样的人变成了我的朋友，即使牺牲我原先的观点也在所不惜。
27. 我更大的兴趣在于提出新的建议，而不在于设法说服别人接受这些建议。
28. 我乐意独自一人整天"深思熟虑"。
29. 我往往避免做那种使我感到低下的工作。

30．评价资料时，我觉得资料的来源比其内容更为重要。
31．我不满意那些不确定和不可预言的事。
32．我喜欢埋头苦干的人。
33．一个人的自尊比得到他人的尊敬更重要。
34．我觉得那些力求完美的人是不明智的。
35．我宁愿与大家一起努力工作，也不愿凌晨单独工作。
36．我喜欢那种对别人产生影响的工作。
37．在生活中，我经常碰到不能用"正确"或"错误"加以判断的问题。
38．对我来说，"各得其所"、"各在其位"是很重要的。
39．那些使用古怪和不常用的词语的作家，纯粹是为了炫耀自己。
40．许多人之所以感到苦恼，是因为把事情看得太复杂了。
41．即使遭到不幸、挫折和反对，我仍然能够对我的工作保持原来的精神状态和热情。
42．想入非非的人是不切实际的。
43．我对"我不知道的事"比"我知道的事"印象更深刻。
44．我对"这可能是什么"比"这是什么"更感兴趣。
45．我经常为自己在无意中说话伤人而闷闷不乐。
46．纵使没有报答，我也乐意为新颖的想法而花费大量时间。
47．我认为"出主意，没什么了不起"这种说法是中肯的。
48．我不喜欢提出那种显得无知的问题。
49．一旦任务在肩，即使受到挫折，我也要坚决完成。
50．从下面描述人物性格的形容词中，挑选出 10 个你认为最能说明你性格的词。

1．热情的	2．谨慎的	3．观察敏锐的
4．老练的	5．有朝气的	6．不拘礼节的
7．有理解力的	8．无畏的	9．一丝不苟的
10．脾气温顺的	11．严格的	12．漫不经心的
13．实干的	14．思路清晰的	15．性急的
16．有献身精神的	17．有组织力的	18．易动感情的
19．机灵的	20．自高自大的	21．有说服力的
22．实事求是的	23．不满足的	24．泰然自若的
25．孤独的	26．复杂的	27．不屈不挠的
28．虚心的	29．有独创性的	30．柔顺的
31．好交际的	32．严于律己的	33．有主见的

34. 精神饱满的	35. 足智多谋的	36. 时髦的
37. 坚强的	38. 拘泥形式的	39. 讲实惠的
40. 创新的	41. 感觉灵敏的	42. 有远见的
43. 高效的	44. 乐意助人的	45. 自信的
46. 铁石心肠的	47. 可预言的	48. 精干的
49. 谦逊的	50. 善良的	51. 渴求知识的
52. 有克制力的	53. 束手束脚的	54. 好奇的

 评分标准

题号	A	B	C	题号	A	B	C	题号	A	B	C
1	0	1	2	18	3	0	−1	35	0	1	2
2	0	1	2	19	0	1	2	36	1	2	3
3	4	2	1	20	0	1	2	37	2	1	0
4	−2	1	3	21	0	1	2	38	0	1	2
5	2	1	0	22	3	0	−1	39	−1	0	2
6	−1	0	3	23	0	1	2	40	2	1	0
7	3	0	−1	24	−1	0	2	41	3	1	0
8	0	1	2	25	0	1	3	42	−1	0	2
9	3	0	1	26	−1	0	2	43	2	1	0
10	1	0	2	27	2	1	0	44	2	1	0
11	4	1	0	28	2	0	−1	45	−1	0	2
12	3	0	−1	29	0	1	2	46	3	2	0
13	2	1	0	30	−2	0	3	47	0	1	2
14	0	0	−2	31	0	1	2	48	0	1	3
15	−1	0	2	32	0	1	2	49	3	1	0
16	2	1	0	33	3	0	−1				
17	0	1	2	34	−1	0	2				

下列形容词每个得2分：
精神饱满的、观察敏锐的、不屈不挠的、柔顺的、足智多谋的、有主见的、有献身精神的、有独创性的、感觉灵敏的、无畏的、创新的、好奇的、有朝气的、

热情的、严于律己的。

下列形容词每一个得 1 分：

自信的、有远见的、不拘礼节的、一丝不苟的、虚心的、机灵的、坚强的。

其余得 0 分。

将分数与 1～49 题得分加起来。

 测试结果

110～137 分：创造力非凡。

85～109 分：创造力较强。

58～84 分：创造力很强。

30～55 分：创造力一般。

15～29 分：创造力弱。

-21～14 分：无创造力。

 心理视点

　　创造力是指根据一定的目的和任务运用一切已知条件和信息开展能力思维活动，经过反复研究和实践，产生某种新颖的、独特的、有价值的成果，这种能力即为创造力。
　　创造力是 21 世纪生存和成功的关键条件。创造力不是天生不变的，实践、教育和主观努力对创造力的形成和发挥都有重大影响。

你的记忆能力如何

 **测试导语**

　　在日常工作中，你常要记忆一些任务、指示、工作术语等。记忆能力也是反映一个人智商高低的重要因素之一，而且有些工作，如秘书、助理、书记员等，对记忆能力有着特殊的要求，那你的记忆能力如何呢？下面的测试可以帮助了

解你的记忆能力,要求在 10 分钟之内完成试题,请根据实际情况选择!

 **测试开始**

1. 从以下 4 个选项中选择一个与你相符的:
   A. 你很轻易地就能把以前看到的东西清晰地回忆起来
   B. 你需要一些提示,但是还能比较清晰地辨别出以前看过的东西
   C. 即使有一些零碎的片段,也已经把东西都忘光了
   D. 你经常把以前的记忆与其他记忆混淆,把东西记错

2. 平常用什么方式记东西?
   A. 用整体来记忆,也就是把要记的东西综合归纳
   B. 以部分来记忆,也就是把对象分开,然后逐一记忆

3. 在记忆一件东西后,你是否会很快再重温一遍,以便记得更牢?
   A. 是
   B. 否

4. 你能在记忆时仔细观察对象,并考察与其相关联的事物,以便记忆得更清楚吗?
   A. 是
   B. 否

5. 你能不能在面对大量信息时,把最重要的部分找出来并单独记忆?
   A. 是
   B. 否

6. 你会借助一些其他的方式,如听、说、写或亲身的经历,来加深你对记忆对象的印象,使你记得更牢吗?
   A. 是
   B. 否

7. 当你所碰到的只是日常琐事或无关紧要的事时,你是否很快会忘记?
   A. 是
   B. 否

8. 当你面对一些比较枯燥的东西,比如字母和数字,你是否用理解或关联的方法记下来?
   A. 是
   B. 否

9. 你平时习惯用阅读，尤其是精读的方式来搜寻并储存信息到大脑中吗？
A．是
B．否

10. 当碰到难题时，你是否能够不求助他人，单独解决？
A．是
B．否

11. 你在面对一件比较重要的事时，是否能集中自己的注意力，告诉自己一定要记住？
A．是
B．否

12. 你对所要记住的东西有兴趣，很想一探究竟吗？
A．是
B．否

13. 你是否在面对众多信息时，也能把对自己有用的东西很快找到？
A．是
B．否

14. 当你面对一个较为复杂的事物时，你能够找出其中的联系以及各个部分的相同点和不同点吗？
A．是
B．否

15. 在大脑比较疲劳的时候，你会不会把要记忆的东西撤换成另一种东西？
A．是
B．否

16. 你是不是习惯将有关联或有相似点的事物归纳到一起记忆？
A．是
B．否

17. 你能利用其他辅助的方法，如表格、图样或总结等来帮助你记忆？
A．是
B．否

18. 你平时是否会随身携带笔记本以便随时记录信息，你是否有写日记或记感想的习惯？
A．是
B．否

19. 你是不是一定要先理解了才能记住某件东西？
A. 是
B. 否

20. 在记忆的过程中，你是否会用将对象与其他事物相关联的方法，以此来更好地记忆？
A. 是
B. 否

测试结果

在第1题中：选A的人记忆力较强；选B的人记忆力一般；选C的人记忆力不够好；选D的人记忆力非常差。

在第2题中：调查表明，选择前一种记忆方式的人拥有较强的记忆力。

第3～20题中：答"是"表示你懂得记忆的正确方法，记忆力较强。答"否"的人记忆方法欠妥，记忆力需要提高。

 心理视点

记忆能力很重要，在很大程度上决定了其是否能够胜任自己的本职工作。如果你的记忆能力欠佳，甚至有严重的健忘症，就需要在平时的生活、工作中注意调节自己的情绪、缓解压力、放松心情，还要调节自己的生物钟，从饮食、睡眠等调节下功夫，相信你的记忆力会有所提高。

你有一双慧眼吗

 测试导语

观察能力是人们有效地探索世界、认识事物的一种极为重要的心理素质，也是人们顺利地掌握知识，完成某种活动的基本能力。想要检测一下自己的观察能力，请做下面的测试。

第七章 看看你有多聪明

 **测试开始**

1. 镜子里的时间

请你手拿闹钟，对着镜子照。你会发现手里的闹钟和镜子里的闹钟的时间不相同。

闹钟的时间	镜子里闹钟的时间
9:00	3:00
4:30	3:30
5:15	6:45
8:20	3:40

闹钟的时间是 3：25，你能不看镜子，马上说出镜子里闹钟的时间吗？

2. 剪一剪，再回答

请你找一根绳子，按以下要求对折后，再从中间剪开，数一数这根绳子分成了几段。

对折 1 次，从中间剪开，这根绳子分成了几段？
对折 2 次，从中间剪开，这根绳子分成了几段？
对折 3 次，从中间剪开，这根绳子分成了几段？
你发现了什么规律？应用这个规律，你不用数就能回答：对折 4 次，5 次，6 次，7 次……从中间剪开，分成了几段。

3. 硬币正方形

把 20 个 5 分钱的硬币，摆在正方形的 4 条边上，使每边都有 4 角 5 分钱，怎么摆呢？

4. 你能办到吗

用 9 根火柴摆了 7 个长方形（如图所示），请移动一根火柴，把它变成 6 个正方形，你能办到吗？

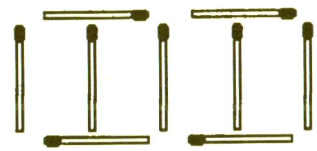

5. 6 个正方形

下图是 15 根火柴摆成的 4 个正方形。请你移动 2 根火柴，把正方形变成 6 个。

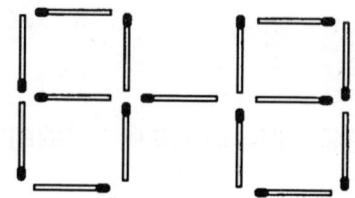

6. 画图案

图中应有9个图案,请你根据画出的6个图案的变化规律画出其他3个。

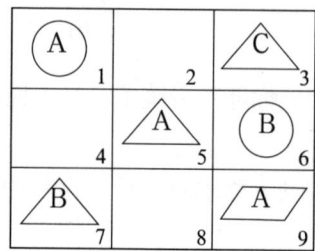

7. 切割表盘

请把下面这个表盘图形切成6块,使每块上的数加起来都相等。

8. 有多少个A

查一查,看下图中有多少个不同的字母A?

9. 完成排列组合

在备选的图形中,哪一个可以完成下图中的排列组合?

第七章 看看你有多聪明

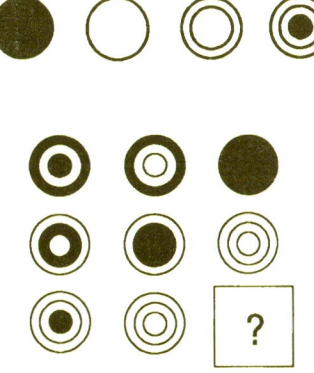

测试结果

1．答案：因为镜子里的闹钟与我们看到的闹钟旋转方向正好相反，所以从镜子里看到的时间加上闹钟看到的时间总等于12。如闹钟时间是3∶25，只要用12小时－3小时25分＝8小时35分，就知道镜子里闹钟的时间是8∶35。

2．答案：对折　　1次　　2次　　3次
　　　　　分成　　3段　　5段　　9段

从上述结果可以看出：

对折1次，分成2+1=3（段）。

对折2次，分成2×2+1=5(段)。

对折3次，分成2×2×2+1=9(段)。

从中可以看出，折几次就是几个2连乘加1。应用这个规律，如果对折4次，从中间剪开，就分成了2×2×2×2+1=17(段)；如果对折7次，从中间剪开，就分成了2×2×2×2×2×2×2+1=129(段)。

3．答案：其中一种摆法是：

4个角分别把4个5分钱的硬币摆在一起，再在4条边上分别摆一个5分钱的硬币。

4．答案：

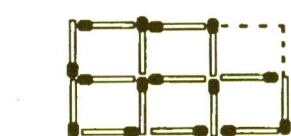

5．答案：

131

6. 答案：

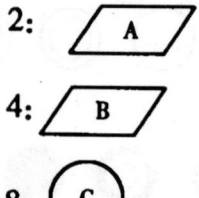

7. 答案：

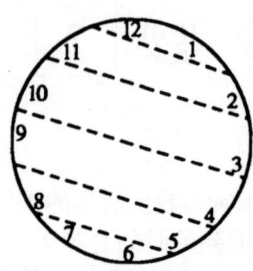

8. 答案：15个。

9. 答案：D

心理视点

观察力是人类智力结构的重要基础，是思维的起点，是聪明大脑的眼睛。所以有人说："思维是核心，观察是入门。"为了有效地进行观察，更好地锻炼观察力，掌握良好的观察方法是必要的。

(1)确立观察目的。对一个事物进行观察时，要明确观察什么，怎样观察，达到什么目的，做到有的放矢，这样才能把观察的注意力集中到事物的主要方面，以抓住其本质特征。

(2)制定观察计划。在观察前,对观察的内容做出安排,制定周密的计划。

(3)培养浓厚的观察兴趣。为了锻炼观察能力，必须培养广泛的兴趣，这样才能促使人们津津有味地进行多样观察。

挑战你的想象力

测试导语

爱因斯坦说过:"想象力比知识更重要,因为知识是有限的,而想象力则概括着世界上的一切并推动着人类进步。"从你自身来讲,想象力如何呢?做完下面的测试即可得知了。

测试开始

1. 这里用 35 根火柴排出了一条呈方形的螺旋线。如果从里向外沿这条螺旋线行进,就要按顺时针方向兜圈子。

现在要求移动 4 根火柴,使图形仍是一条呈方形的螺旋线,不过从里向外沿这条螺旋线行进时,是按逆时针方向兜圈子。想想该怎样移动?

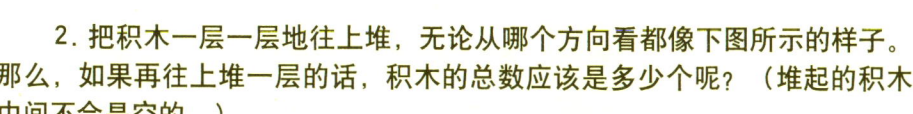

2. 把积木一层一层地往上堆,无论从哪个方向看都像下图所示的样子。那么,如果再往上堆一层的话,积木的总数应该是多少个呢?(堆起的积木中间不会是空的。)

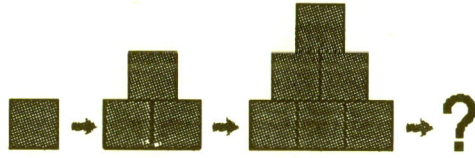

3. 将以下图形分为大小和形状均相同的三等份。

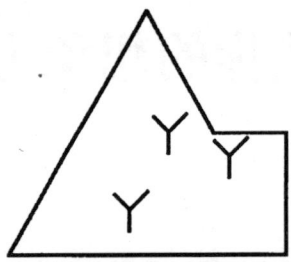

4. 直线AA上有3只兔子,直线CC上也有3只兔子,直线BB上有2只兔子。有多少条直线上有3只兔子?有多少条直线上有2只兔子?如果拿走3只兔子,将余下的6只兔子排成3排,且每排有3只兔子,该怎么排列?

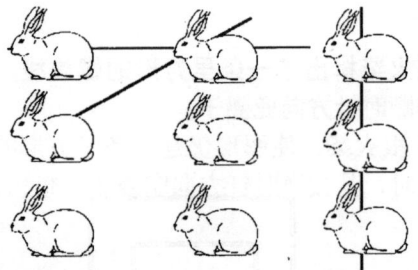

5. 下面有3个四面体,每个四面体的四个面被标上了1、2、3、4这4个数字,但是有的因为重叠没有标出来,你知道哪一个和其他两个不同吗?

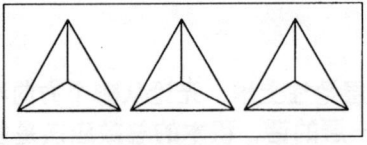

6. 两人轮流在下图中涂色,已经涂过的地方和其相邻的地方就不能再涂。例如,甲先涂A,乙涂E,甲就再没有可涂的地方了,甲就输了。如先涂者欲取胜,应该先涂哪一块?

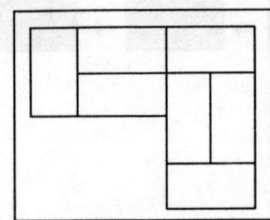

第七章 看看你有多聪明

7. 欣欣拿着这样一个器具，如图所示，他说："我在这个器具上看到了两个我的影像，并且一个是正的，一个是倒的。"你认为他说的正确吗，为什么？

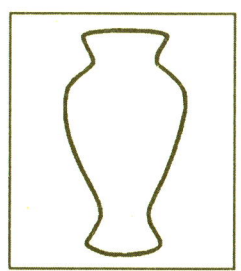

 测试结果

1. 如图。

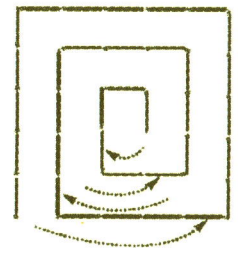

2. 从上面看，堆起来的积木是这样子的：
从上面起，
第一层，有 1 个。
第二层，$2\times 2=4$ 个。
第三层，$3\times 3=9$ 个。
第四层，$4\times 4=16$ 个。
要求的和就是：$1+4+9+16=30$ 个。

3. 如图。

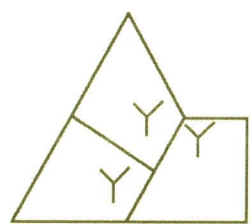

4. 有 8 条直线上有 3 只兔子；有 28 条直线上有 2 只兔子；6 只兔子排成 3 排且每排 3 只，可以如下图排列：

135

5.C。

6.D。

7.正确。拿一把勺子,当你用凹面照时,成的像就是倒的,如果用凸面照,就是正的。而这个图形正好是由凹、凸部分连接在一块,所以你很容易在这个容器上看到两个像,并且一个正的,一个是倒的。

心理视点

想象力是在头脑中对记忆的对象进行加工改造,从而形成和创造新形象的能力。如何提高自己的想象力呢?

(1)努力积累大量的知识经验,这是丰富想象力的基础。

(2)要敢于怀疑和善于独立思考。

(3)要开展丰富多彩的活动,激发想象力,如学习音乐、绘画,坚持体育锻炼,参加生产劳动等。

脑筋换换换

 测试导语

脑筋急转弯是具有卓越思维和幽默风格的一种益智形式,是人们需要打破常规思维模式、发挥超常思维才能找到幽默答案的一种思维游戏。我们为您精心准备了一套脑筋急转弯,让你换换脑筋。

测试开始

1. 有一个人,他是你父母生的,但他却不是你的兄弟姐妹,他是谁?
2. 小王是一名优秀士兵,一天他在站岗值勤时,明明看到有敌人悄悄向他摸过来,为什么他却睁一只眼闭一只眼?
3. 王老太太整天喋喋不休,可她有一个月说话最少,是哪一个月?
4. 在一次考试中,一对同桌交了一模一样的考卷,但老师认为他们肯定没有作弊,这是为什么?
5. 小王一边刷牙,一边悠闲地吹着口哨,他是怎么做到的?
6. 小刘是个很普通的人,为什么竟然能一连十几个小时不眨眼?
7. 小张开车,不小心撞上电线杆发生车祸,警察到达时车上有个死人,小张说这与他无关,警察也相信了,为什么?
8. 为什么警察对闯红灯的汽车司机视而不见?

 测试结果

1. 答案:他自己
2. 答案:他正在瞄准
3. 答案:二月
4. 答案:他们都交白卷
5. 答案:他在刷假牙
6. 答案:他在睡觉
7. 答案:他开的是灵车
8. 答案:汽车司机在步行

 心理视点

脑筋急转弯能测试一个人的反应能力以及他的聪明程度并带有趣味性,平时多做一些这方面的训练不仅能提高自己的反应能力而且能增加生活情趣。

综合能力大跃进

测试导语

一个人的综合能力包括很多方面，如创新能力、观察能力、语言运用能力、逻辑判断能力等，下面对您的综合能力做一下全方位的测试吧。

测试开始

1. 确定3位数

有一个3位数ABC，如果将5个3位数ACB、BAC、BCA、CAB、CBA加起来等于3194。则该3位数ABC等于多少？

2. 斯隆先生有4片果树林，分别种了苹果树、柠檬树、柑橘树和桃树。

(1)果树林的果树都成行排列，每片果树林中各行果树数相等。

(2)苹果林的行数最少，柠檬林比苹果林多一行，柑橘林比柠檬林多一行，桃树林又比柑橘林多一行。

(3)其中有3片果树林，每片果树林四周边界上的果树与其内部的果树棵数相等。

在这4片果树林中，哪一片边界上的果树与其内部的果树棵数不相等。

3. 新号码

明明换电话号码了。有3个特点使新的电话号码很好记：首先，原来的号码和新换的号码都是4个数字；其次，新号码正好是原来号码的4倍；最后，原来的号码从后面倒着写正好是新的号码。

新号码究竟是多少？

4. 多少麦子

印度国王舍罕打算重赏国际象棋的发明者——宰相达依尔。他说："我的宰相，你实在太聪明了。你发明了这样趣味无穷的象棋，真可以使我摆脱一切烦恼，在愉快中度过一生了。"宰相达依尔笑着，并没有回话。国王舍罕又说道："我是天下最富有的人。我相信，不管你有什么样的要求，我都会满足你的。"

达依尔想了一下说："陛下，为了不辜负你的美意，我要一点点东西吧。请你在棋盘的第一个方格里赐给我一粒麦子，在第二个方格里赐给我两粒麦子，以后每个新方格的麦子数都是前一方格里的一倍，一直到第64个棋格。"

国王舍罕说："好，就给你麦子吧。但是你要知道，你的要求对我来说，简直算不了什么。去吧，我的侍从会送给你一袋麦子的。"

可是过了几天，国王并没有拿出麦子赏赐达依尔。这是为什么呢？

5．几个人

某班参加竞赛的共6人。参加数学竞赛的有4人，参加化学竞赛的有3人。有几个人既参加数学竞赛又参加化学竞赛？

6．买别针

黑黑带4枚硬币去商店买别针。别针的单价有1分、2分、3分、10分。他可以买其中任意一根别针，都不用售货员找零钱。你知道黑黑带的是哪几枚硬币吗？

7．偷答案的学生

一天，在迪姆威特教授讲授的一节物理课上，他的物理测验的答案被人偷走了。有机会窃取这份答案的，只有阿莫斯、伯特和科布这3名学生。

(1)那天，这个教室里总共上了5节物理课。

(2)阿莫斯只上了其中的2节课。

(3)伯特只上了其中的3节课。

(4)科布只上了其中的4节课。

(5)迪姆威特教授只讲授了其中的3节课。

(6)这3名学生都只上了两节迪姆威特教授讲授的课。

(7)这3名被怀疑的学生出现在这5节课的每节课上的组合各不相同。

(8)在迪姆威特教授讲授的一节课上，这3名学生中有两名来上了，另一名没有来。事实证明来上这节课的那两名学生没有偷取答案。

这3名学生中谁偷了答案？

8．外国人与中国人

有一个人到外国去了，可是他周围的人都是中国人，这是为什么？

9．可以替换的词

下面6个词组中的动词大多不能互换，然而有一个字是可以代替所有动词的，你知道是哪一个吗？

(1)跳水　(2)买油　(3)砍柴　(4)做短工　(5)写稿子　(6)敲鼓

10．餐厅的面试题

一位刚毕业的大学生到一家大型餐厅应聘主管。主考官出这样一道题目来考他：请在正方形的餐桌周围摆上10把椅子，使桌子每一面的椅子数都相等。应聘者想了很久，没想出来，你能帮帮他吗？

测试结果

1. 答案：5个百位相加得 A+2B+2C

由3194的十位为9所以十位向百位的进位不是4，当然也不可能是1或0，那样数太小就无解了。那么我们得到：

A+2B+2C=28(1) 或 A+2B+2C=29(2)

又由5个个位相加同样只能为2或3得到：

2A+2B+C=24(3) 或 2A+2B+C=34(4)

从上可知C为偶数

如果(4)成立分别用(4)−(1)=5　A−C=5

或(4)−(2)=6　A−C=6

得 C=2 A=7 或 A=8　C=4　A=9

代入均不对，故(4)不成立。

则5个十位的和 2A+B+2C=27(5)

或 2A+B+2C=37(6)

如果为37则(6)−(3)=C−B=13 不成立。

得(1)、(3)、(5)或(2)、(3)、(5)的解，演算即可。

2. 答案：

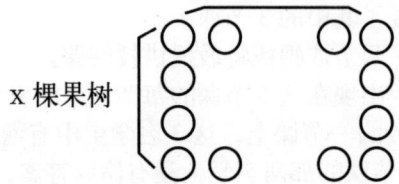

根据（1），设（3）中提到的3片果树林的两条相邻边上果树的棵数分别为x和y。于是边界上果树的棵数等于（y+y）+(x−2)+(x−2)，即2y+2x−4；而内部棵树的棵数等于(x−2)(y−2)。

根据（3）得：

2y+2x−4=(x−2)(y−2)。

解出 x, x=(4y−8)/(y−4)。

于是y必须大于4，而y−4必须整除4y−8。

经反复试验，得出以下4对数值：

x	y
12	5
8	6
6	8
5	12

这里是全部可能的数值,因为(4y-8)/(y-4)等于4+8/(y-4),要使8/(y-4)为正整数,y必须是5、6、8或12。

根据(2),一定是苹果林有5行,柠檬林有6行,柑橘林有7行,桃树林有8行。

由于有7行棵树的柑橘林不能满足条件(3),所以边界上的果树与内部的果树棵数不相等的果树林是柑橘林。

3.答案:设旧号码是用ABCD,那么新号码是DCBA,已知新号码是旧号码的4倍,所以A必须是个不大于2的偶然,即A等于2;4×D的个位数若要为2,D只能是3或8;只要满足:

$4 \times (1000 \times A + 100 \times B + 10 \times C + D) = 1000 \times D + 100 \times C + 10 \times B + A$

经计算可得D=8,C=7,B=1,所以新号码是8712,正好是旧号码的2178的4倍。这个题只能有这一种答案。

4.答案:现在我们要求出这64格麦粒数的和,怎么办呢?一个数一个数去加吗?那实在太烦琐了。

1格1粒麦子,2格3粒麦子,3格2×2=4粒麦子,2×2×2=8粒麦子 64格2×2×…×2(63个2连乘)=9223372036854775808(粒麦子)

这是个天文数字,这些麦子印度生产两千年也未必生产得出。

5.答案:1个人既参加数学竞赛又参加化学竞赛。

6.答案:黑黑带的是1分硬币1枚,2分硬币2枚,5分硬币1枚。

7.答案:是伯特偷了测验答案。

8.答案: 因为外国人来中国了。

9.答案:可用"打"字来替换。

10.答案: 如图。

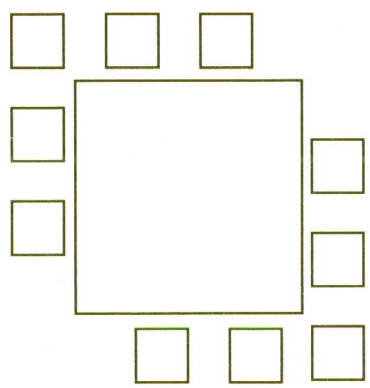

心理视点

综合能力是指将多种能力组合、搭配起来，形成认识、分析和解决问题的能力，包括观察力、想象力、判断力、创新力、记忆力。21世纪是以知识的创新和应用为重要特征的知识经济时代，这个时代对人才的需求会提出更高的要求。复合型、综合型的人才，才是具有超强综合能力的智能型人才。如何提高自己的综合能力呢？

(1) 增加基础知识、多学习各类知识以充实自己。

(2) 掌握科学的思维方法。

(3) 理论联系实践。

第八章
职场中的你是否能如鱼得水
——"职商"高低的探测

你适合什么样的职业

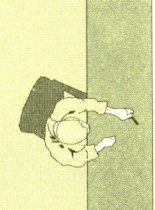 测试导语

每个人都会有梦想,常常憧憬着光辉灿烂的未来,向往着如花似锦的前程。可以说,在走向生活的前夜,每个人都要用艳丽的彩笔,把自己的梦想描绘得尽善尽美。那么,怎样才能实现自己的梦想呢?可供选择的答案很多,但其中最重要的一条是要选择一种适于自己做的、能发挥自己潜在才能的职业。有了这样的职业,就如同给自己的梦想插上了翅膀,可以在未来的天空中展翅飞翔。

那么,你到底适合哪种职业呢?请你独立完成以下两组共20道测试题,或许就可以帮你做出一个不错的选择。每道题只要回答"是"或"否"即可。

 测试开始

第一组
1. 就你的性格来说,你喜欢和年轻人而不是和年龄大的人在一起。
2. 你心目中的丈夫(妻子)应具有与众不同的见解和活跃的思想。
3. 对别人有求于你时,你总是乐意帮助解决。

4. 你做事情考虑较多的是速度和数量，而不喜欢精益求精。
5. 你喜欢新鲜这个概念，例如：新环境、新旅游点、新朋友等。
6. 你讨厌寂寞，希望与大家在一起。
7. 你读书的时候比较喜欢语文课。
8. 你喜欢改变某些生活习惯，使自己有一些充裕的时间。
9. 你不喜爱那些零散、琐碎的事情。
10. 你进入负责招聘的经理办公室，经理抬头看了你一眼，说声"请坐"，然后就埋头阅读他的文件不再理你，可你一看旁边并没有座位。这时，你没有站在那里等，而是悄悄搬来一张椅子坐下，等经理说话。

第二组

11. 你上学的时候很喜欢数学课。
12. 看了一场电影或戏剧后，你喜欢独自思考其内容，而不喜欢与别人一起谈论。
13. 你书写整齐，很少写错别字。
14. 你不喜欢读长篇小说，而喜欢读议论文或散文。
15. 业余时间，你爱做智力测验、智力游戏。
16. 墙上的画挂歪了，你看了不舒服，总要想办法将它扶正。
17. 收录机、电视机发生故障，你喜欢自己动手修理。
18. 做事情时，你喜欢做得精益求精。
19. 你对一种服装的评价是看它的设计而不大关心它是否流行。
20. 你能控制经济开支，很少有"月初松，月底空"的现象。

评分标准

1. 整套测试共20道题，前10题为第一组，后10题为第二组。
2. 统计出两组答案中各有几个"是"。
3. 如果第一组答案中的"是"比第二组多，为A；如果第二组答案中的"是"比第一组多，为B；如果两组答案中的"是"大致相等，为C。

测试结果

A．你最大的长处是思想活跃、擅长与人交往。你喜欢把自己的想法交让别人去实现，或者与大家共同去实现，适合你的职业是记者、演员、推销员、采购员、服务员、人事干部、宣传机构的工作人员等。

B．你有耐心、爱思考、钻研，是个谨慎的人。适合你的职业有编辑、律师、医生、技术人员、工程师、会计师、科学工作者等。

C．你兼备 A、B 两种类型人的长处，不仅能独立思考，也能建立和维持良好的人际关系。供你选择的职业包括教师、护士、秘书、美容师、理发师、各类管理人员等。

心理视点

气质是人的典型的稳定的心理特点，一般分为胆汁质、多血质、黏液质和抑郁质四种。

四种气质在工作中各有利弊，没有好坏之分，关键在于认识到自己的优缺点，学会扬长避短。当然，气质虽然分为4种，生活中却很少有人简单地属于哪一种人，一般的人都是好几种气质的混合，只是在这几种气质中，更倾向于其中的某一种，在选择职业上，也要根据自己的气质特点来选择合适的职业。

多血质合适的职业：导游、推销员、节目主持人、演讲者、外事接待员、演员、市场调查员等。

胆汁质合适的职业：管理工作、外交工作、驾驶员、服装纺织业、运动员、冒险家、军人等。

黏液质合适的职业：外科医生、法官、管理人员、出纳员、会计、播音员、话务员、教师等。

抑郁质合适的职业：校对、打字、排版、雕刻、刺绣、保管员、艺术工作者、编辑等。

一个人的职业选择会受到很多种因素的影响。在选择职业的过程中，我们可以对自己的个性特征进行分析，评价个人的生理、心理特征，进而分析我们可以选择的各种职业自己是否可以胜任，最后，在了解自己的特点和职业要求的基础上进行自己职业的选择。如果一个人的个性特征与其选择的职业要求匹配得非常好，那么这个人在职场上更具备成功的可能性。

经典的职业兴趣量表制定者霍兰德在职业选择和性格之间的关系这一问题上认为，一个人的性格类型和他所选择的职业之间的关系并不是绝对的一对一的对应关系，一个人既可以适应某一种职业环境，同时也可以适应另外的职业环境，但前提是两者之间要有一定的相近性或者是中性的关系而不是相互排斥的关系。或许霍兰德的建议为我们进行职业选择提供了具有更大灵活性的自由空间。

你跳槽的时机到了吗

 测试导语

你可能正在为是否跳槽而不知所措。想换工作，又怕得不偿失；继续干下去，又感到工作不称心如意，于是焦躁不安、心神不定，你由此陷入了痛苦和无奈之中。不要发愁，做完下面的测试，也许能帮助你走出十字路口，做出一个正确的选择。本测试共20题，请在认真阅读题目后，选择最符合你实际情况的答案。

 测试开始

1. 你对自己的工作是否感到忧虑？
   A. 偶尔感到忧虑
   B. 从来不感到忧虑
   C. 经常感到忧虑

2. 你属于以下哪种情况？
   A. 我不讨厌自己的工作
   B. 我通常对自己的工作感兴趣
   C. 我工作时总觉得心烦

3. 你认为自己：
   A. 与自己同事相处得非常好
   B. 不喜欢自己的同事
   C. 与绝大多数同事都能很好相处

4. 你是否加班加点地工作？
   A. 如果付加班费就加班
   B. 从不加班加点
   C. 经常加班加点，即使没有加班费也是如此

5. 你认为自己的同事们：
   A. 喜欢你
   B. 不喜欢你
   C. 并非不喜欢，只是不特别友好

6. 如果少付你三分之一的工资，你是否还愿意干这项工作？
A．愿意
B．本来愿意，但负担不了家庭生活，只好作罢
C．不愿意

7. 关于你的职业，你不喜欢哪一点？
A．自己支配的时间太少
B．乏味
C．总不能按自己的想法做事

8. 你是怎样选择你目前从事的工作的？
A．靠父母或朋友帮助选择
B．该工作是我唯一能找到的工作
C．当时就觉得该工作对自己很合适

9. 你上班时是否看表？
A．不断地看
B．不忙的时候看
C．几乎不看

10. 你认为你的工作：
A．对你来说是大材小用
B．很难胜任
C．使你做了从来没想到自己能做到的事

11. 一天的工作快要结束时，你：
A．感到疲惫不堪，全身不舒服
B．为自己取得的工作成绩而感到高兴
C．感到有点累，但通常很满足

12. 以下哪种情况最符合你的实际情况：
A．我的工作已不能让我学到更多的东西
B．工作中我已学到了许多，但并不认为自己完全掌握
C．工作中还有许多东西需要学习

13. 你会为了消遣一下而请一天事假吗？
A．会的
B．不会
C．如果工作不太忙，就有可能

14. 星期一早晨，你：
A．觉得自己愿意去上班

B．希望获得不去上班的理由
C．开始工作时觉得很勉强，但过一会就进入工作状态了

15．你觉得自己的工作中不受赏识吗？
A．偶尔这样想
B．经常这样想
C．很少这样想

16．你是否希望自己的孩子将来从事你的工作？
A．是的，如果他有能力并且适合的话
B．不会的，而且要警告他不要做这种工作
C．不希望他做，也不反对他做

17．你认为自己：
A．工作劲头十足
B．工作没有劲头
C．工作劲头一般

18．你觉得：
A．自己总是很有能力
B．自己有时很有能力
C．自己总是没有能力

19．你用多少工作时间打私人电话或做些与工作无关的事？
A．很少的时间
B．一定的时间，特别是在个人生活遇到麻烦时
C．很多时间

20．去年除了假日或病假外，你是否还缺过勤？
A．没有缺勤
B．仅有几天缺勤
C．经常缺勤

 评分标准

答案\题号得分	1	2	3	4	5	6	7	8	9	10	11	12	13	14	15	16	17	18	19	20
A	3	3	5	3	5	5	5	1	1	3	1	1	1	5	3	5	5	5	5	5
B	5	5	1	1	1	3	3	3	3	1	5	3	5	1	1	1	1	1	3	3
C	1	1	3	5	3	1	1	5	5	5	3	5	3	3	5	3	3	1	1	1

第八章 职场中的你是否能如鱼得水

 测试结果

0～50分：你对目前的工作非常不满，如果你还在犹豫是继续工作还是放弃工作，那你就是在浪费时间，目前的工作实在不应该再干下去了。奉劝一句，勇敢点，走出去，你会发现另一片更广阔的天地。

51～70分：你对目前的工作不是很满意，可能是你选错了职业，或者是你与同事或上司相处得不融洽，或者是你对自己估计过高。

71～85分：你对目前的工作还比较满意，并不存在是否需要跳槽的问题，你不应受朋友或其他同事的影响，你现在需要做的是专注于自己的工作，相信敬业负责的你肯定会取得好的业绩。

86～100分：对目前的工作非常满意。但若你的得分接近100分，说明你对工作投入的热情及喜欢的程度有些过高，可以说你是个名副其实的"工作狂"，你应该在工作中多注意劳逸结合。

心理视点

如果有以下情况请不要跳槽。
(1) 压根就没有跳槽的想法，只是看到周围的人跳槽才心动。
(2) 跳槽后的单位不一定比现在的单位好。
(3) 本身能力有限，并未有明显提高。
(4) 现任工作刚刚干了几个月，工作流程还不是特别了解。

你是不是工作狂

 测试导语

你是对工作超级狂热的工作狂，还是非常不喜欢工作的懒惰虫？做一个小测试了解一下，也可以趁此审视一下自己的工作态度。

 测试开始

1. 即使是不喜欢，你仍然会因为商场促销去买一样东西吗？

A. 是的，我看到便宜就想买——请回答第 2 题
B. 反正买回家不久也会丢掉，不要买好了——请回答第 3 题

2. 临时有件事，你也只能坐车出门，你会：
A. 提早出门，免得耽误了正事——请回答第 4 题
B. 反正公交车时间都很固定，差不多再出发就好——请回答第 5 题

3. 你平常是否有和朋友分享 E-mail 的习惯？
A. 有，我特喜欢乱寄东西——请回答第 6 题
B. 很少，多半是人家寄给我的情况较多——请回答第 7 题

4. 闲着没事干，你通常都是如何打发时间的呢？
A. 当然是上网看看有没有什么新鲜事了——请回答第 7 题
B. 到处乱转，最好是到一个新地方——请回答第 8 题

5. 如果你去拜访朋友，发现他不在又正好忘了锁门，你会：
A. 躲起来恶作剧或给他一个惊喜——请回答第 9 题
B. 先联络上他或是直接进他房子等——请回答第 10 题

6. 看到中国运动员在奥运会上拿下金牌，你的心情是：
A. 好兴奋，幻想自己也能跟他一样——请回答第 5 题
B. 会很开心，不过过几天感觉就淡了——请回答第 10 题

7. 如果远远走来一个明星，你会：
A. 多看几眼，不过可能不会有什么举动——请回答第 6 题
B. 机会很难得，当然要把握时间请他签名、合照——请回答第 10 题

8. 和朋友到 KTV 唱歌，你通常是：
A. 第一件事就是找新歌排行榜，老歌我不要——请回答第 9 题
B. 好多新歌都不会，只唱招牌歌或是听人家唱——A 型

9. 你对你家附近的街道熟悉吗？
A. 岂止熟，我还知道很多别人不知道的秘密地方——请回答第 10 题
B. 不算熟，大路会记得，小路不会走——B 型

10. 如果有一天，你走在路上，有个你不认识的人跟你打招呼，你会：
A. 问清楚他是哪一位朋友——C 型
B. 装作没看见，直接走开——D 型

 **测试结果**

A 型的人：工作狂指数 90%。你是个超级工作狂，责任感又重，一旦把

事情交到你手里，上刀山下火海，必不辱使命，而且你也要求自己尽善尽美，总要超出老板的期待你才会觉得满意。这样的你最好是慎选工作，务求找到自己喜欢的类型，这样才不会拼死拼活却又得不到任何回报。你的三餐以及工作时间也常不固定，需注意健康，以免晚年无福享受打拼的结果。

B型的人：工作狂指数70%。其实你也是个工作狂，只是你有限制条件，例如，太粗重的工作不做，太脏乱的工作不做，或是太热的环境你待不下去，等等。对于工作你也善于纵观全局，不会一味埋头苦干，分析完成之后，你便会全力投入，一口气把事情搞定。只是有时候你这种潇洒自若的神态可能会给老板一种工作不认真的印象，凡事还是低调点好。

C型的人：工作狂指数50%。其实你并不太喜欢工作，你真的很怕麻烦。找工作要面试，麻烦；忙得不可开交的工作，麻烦；同事之间钩心斗角，麻烦；从事单调简单，重复同样动作的工作，麻烦！所以适合你的工作，可能也必须给你足够的休闲娱乐才会合你胃口，也许一走上社会就是经理最合你意。建议你趁着年轻多吃点苦，想达到你的目标其实不算太难。

D型的人：工作狂指数30%。你大概是全世界最不喜欢工作的人了。就算有人愿意付你薪水而不要你做什么事，你可能也会觉得办公室缺乏自由而待不住。你也可能常常不断抱怨，哀叹自己为何不是谁谁谁的孩子，怨恨这个世界为何如此不公平。因为你是个玩性很重或个性消极的人，工作对你而言只是赚钱的方法而已，似乎不具有太大的意义，所以你常常工作一段时间后，就会想休息一阵子，因此换工作的经验相当丰富。如果你还年轻不要紧，但如果你已经上了年纪，以后可能会很辛苦！

心理视点

据专家统计，不论是在西方还是东方，"工作狂"的人数都在不断增加。在过去的10年中，美国的工作狂增加了5成，日本增加了7成，在我国也增加了至少4成，不少"工作狂"被评为"先进典型"，成了"骨干或红人"。

但美国心理学家斯宾塞教授指出"工作狂"属心理变态，在各单位的低、中级管理人员中尤为常见。"工作狂"和对工作有热情者有本质区别。前者往往并不热爱自己的工作，一般很难从工作中得到快乐，只是拼命地工作以求某种心理解脱。而后者则十分热爱自己的工作，从工作中能获得巨大的乐趣。研究显示，尽管前者的工作要比后者大得多，但工作效率和工作质量都明显不如后者。

因此专家建议：要对工作有热情，但要有意识地减轻工作压力，培养一些生活兴趣；工作不是生活的全部，要调整好工作与生活的平衡关系。

你将会被公司淘汰吗

测试导语

本想不再跳槽，就在这家公司好好干下去了，可是没有想到还要在担惊受怕中熬日子，因为公司裁员的警报已拉响，据说还列出了裁员的"黑名单"，大家都面临裁员的危险，在没有正式公布之前，人人自危。其实，聪明人应该能够及早发现职业中的"红灯"。想一想这类问题，以防你离开的时间比你预期的要来得早；当机立断，早做安排。请做下面的测试，看一下你被公司淘汰的危险指数，只对每题回答"是"或"否"即可。

测试开始

1. 你的能力使你成为你所在工作岗位"非你莫属"的人物吗？
2. 你是有敬业精神、认真工作的人吗？
3. 你和你的工作团队合拍吗？
4. 你的老板是个不爱挑剔的人，他（她）对你的态度很好吗？
5. 你与顶头上司是否很合得来？
6. 如果你以前一直被邀请参加重大决策的讨论，而现在还被邀请吗？
7. 你的上司做决策时还征求你的意见吗？
8. 你的公司培养你担任一个更重要的职务，并告知你是下一个人选，最终担任这个职务的人是你吗？
9. 你仔细想想，最近管理层是否发生了人事变动？你属于新管理层想任用的人吗？
10. 你的老板对职员们说，他欢迎大家提意见。但是，他对你的建议是否持欢迎态度？
11. 好差事总是分配给其他的人，每次有挑战性的任务，明明你是最佳人选，上头却总是分派给别人，而让你负责一些不重要的工作吗？
12. 管理层的人都没有向你透露消息，但他们看见你的时候是否有点神秘兮兮，甚至绕路而行？
13. 以前，你总是因为出色的工作受到表扬，而现在，每当你完成一个项目，是否会被告知没有达到预期效果？
14. 你对工作不再充满兴趣，你向别人透露过这种想法吗？
15. 你是否属于上班偷偷聊QQ，经常爱请假的人？

16. 公司里,你是否属于那种"只是低头拉车,而不抬头看路"的人?

17. 你是个精英,周围嫉妒你的人不少,其中有和管理层相处甚密的人吗?

18. 你是否不停地提出对本部门的改进意见,结果却都石沉大海?

19. 公司调整工资,你觉得自己业绩不错,但是却没给你加薪,你发过牢骚吗?

20. 你的办公室里,有专门挖掘"黑色隧道"的办公室小人吗?

评分标准

1~10题答"是"得1分,答"否"得0分;11~20题答"是"得0分,答"否"得1分。然后将总分统计出来。

测试结果

0~7分:说明你已经没有任何挽回的余地,就等着被"炒鱿鱼"吧。未雨绸缪是你明智的选择,但是你如不改正自己的问题,那就很危险了。

8~14分:说明你在模棱两可之间,存在一定危险,如果你努力争取,有留下来的余地,但是你要认真地的反思,吸取教训,及早处理好工作中对你不利的因素。

15~20分:说明你暂时还没有危险,但是面对风云变化的职场,你也不要掉以轻心,要垒实自己的职业生涯并坐稳眼前的位置,金饭碗抓住了才是你的。

心理视点

有人说,现代的"饭碗"观念,要从金饭碗、铁饭碗过渡到瓷饭碗。瓷,既珍贵,又要细心呵护,不小心就会被摔碎。当我们打破了饭碗,重新回到职场去寻找新的饭碗时,首先要放下捧过金饭碗的架子,不要用自己过去的金饭碗作为寻找新饭碗的尺子,要面对现实;其次,就是要主动出击,变被动为主动。

你的执行力如何

测试导语

执行力对于每一名员工来说，都是必不可少的能力。如果说，领导者是指令的发布者，那被领导者则是指令的执行者。假如员工不具备执行力或执行力较差，那即使领导者具有再伟大的设想、再优秀的战略，也都将失去任何意义。而对你而言，如果你的执行力很差，你就不可能有高的工作效率和好的工作业绩，等待你的只能是失去工作的结局。

本测试测量你的执行力状况，共18题，请在5分钟内完成，答案只需回答"是"或"否"即可。

测试开始

1. 今天上班前天气似乎要变，带雨具又麻烦，你能很轻松地做出决定吗？
2. 做一项重要工作之前，你会为自己制定工作计划吗？
3. 你是否充分信任自己的合作者呢？
4. 对自己许下的诺言，你是否能一贯遵守？
5. 你能在原来的工作岗位上轻而易举地适应与过去的习惯迥然不同的新规定、新方法吗？
6. 平时你能直率地说明自己拒绝某事的真实原因，而不虚构一些理由来掩饰吗？
7. 辛苦工作之时，你是否计分评估？
8. 你认为自己勤奋而不疏懒吗？
9. 为了公司整体的利益，你会得罪某人吗？
10. 做一项重要工作之前，你是否尽可能获取最好的建议呢？
11. 你是否善于倾听？
12. 如果你了解到在某件事上上司与你的观点截然相反，你还能直抒己见吗？
13. 你进入新的部门，能很快适应这一新的集体吗？
14. 星期一，上司要你在星期五下班后提交一方案，到了规定时间，你发现自己的方案有不完善的地方，而且周末上司外出度假，你认为应该保证质量，到下星期一再上交吗？
15. 你善于为自己寻找合适的借口，来掩饰工作中的小错误吗？

16. 对于一项执行上有困难的工作,你是否能全力以赴地执行任务呢?
17. 对于工作中不明白的地方,你会向领导提出疑问吗?
18. 你常有顺利完成工作的自信吗?

评分标准

回答"是"得1分,回答"否"不得分,但第14题、第15题回答"否"扣2分,计算总分。

如果你第14题、第15题,都回答"否",你有必要检查一下自己对本测试的态度,如果有失偏颇,建议你重测一次。

测试结果

10分以下:你做事往往拖拖拉拉。比如一件工作,如果有谁替你去做,你会对他感激不尽,你使人觉得难以信赖,与你共事会感到很疲惫。也许对你来说,不做事才最逍遥,但在你拒绝做事或不负责任的时候,你也失去了一次成功的机会。

11~16分:你的执行力一般。工作中你很少有较高的效率,但你也不会拖公司的后腿。也许你正为自己有游刃职场的能力而沾沾自喜,这却是你最大的缺点,千万别以为"混同于世"就会一帆风顺,要想有良好的工作业绩、获得升迁的机会,你就要发挥自己的全部能量,埋头苦干,这样你才能出人头地。

17~18分:你的执行力较好。你有较开阔的眼界与合理的知识结构,再加上你的果断与良好的敬业精神,可以肯定你是上司、同事们信赖的对象。如果辅以正确的执行方法,你肯定会有更高的工作效率,能够取得较好的工作业绩。

心理视点

所谓执行力是指贯彻战略意图,完成预定目标的操作能力。
提高执行力需要具备的素质是:
(1)速度要快。
(2)要有团队协作精神,具体体现为4个方面:同心同德、互帮互助、奉献精神、团队自豪感。
(3)具有坚强的意志。
(4)具有较强的工作责任心和高昂的工作热情。

你是忠心耿耿的员工吗

测试导语

你对目前的工作是"忠心耿耿",还是"身在曹营心在汉"?或是"骑驴找马"、"朝三暮四"?这个测试就是用来诊断你的忠诚度的。

请分别从A、B、C、D 4个选项中选择一个适合你的答案。

测试开始

1. 在《机器猫》的各个角色中,你不太喜欢的是下列这4个人中的哪一个?
   A. 大胖
   B. 强夫
   C. 野比康夫
   D. 小静

2. 你进入公司已经好几年了。现在的你,对工作是怎样的一种态度呢?
   A. "很讨厌加班!"
   B. "想更进一步提高自己的业绩!"
   C. "还不快点加工资!"
   D. "希望自己的人际关系更好一点!"

3. 下面几条谚语中,跟你谈恋爱的宗旨最相符合的是哪一个?
   A. "去者不追"
   B. "缘分天注定"
   C. "距离产生美"
   D. "只要付出就有收获"

4. 与"撒谎"有关的说法有很多,当你听到"撒谎"这个词时,你能联想起来的话是哪一个呢?
   A. 说谎有时也是一种权宜之计
   B. 说谎是堕落的开始
   C. 信口雌黄,谎话连篇
   D. 弄假成真

5. 上司让你负责一个项目,你向前辈请求帮助,结果项目失败了。你向上司道歉说："这是我的不对。"那么在向上司道歉的同时，你对你的前辈是什么态度呢？

　　A．是共同的责任，让前辈和自己一起向上司道歉
　　B．沉默，什么都不说
　　C．前辈已经给了我很多帮助，责任在我自己
　　D．向上司控诉，前辈所教的方法不好

　　6．一天，跟恋人约会。恋人最近工作很忙，脸上带着疲惫的神色。你对这样的他持有一种什么样的态度呢？
　　A．想让他振作起来，带着他去各个游乐场所转转
　　B．生气道："好不容易有一次约会，不要带着一副疲惫的样子来！"
　　C．选择去喝茶等比较放松的活动，一边担心着恋人，一边继续约会
　　D．很不放心恋人，对他说道："你看起来很疲惫，今天还是早点回去吧！"

评分标准

选项＼题号＼得分	1	2	3	4	5	6
A	2	2	2	4	4	2
B	4	4	3	3	3	1
C	3	1	4	2	2	3
D	1	3	1	1	1	4

测试结果

　　7分以下：你拼命工作，与其说是为了公司，还不如说是为了提高自己的工作技能。

　　你的忠诚度相当低。你似乎一点都没有想要去为公司做点什么。虽然你也会扎扎实实地把工作做好，但是说到底，你只是为了提高自己的工作技能而已。你大概是把目前的工作当作一种锻炼吧？一旦本领修成，你就会另谋高就。另外，这一类型的人会把工作时间和私人时间分得很清，绝不让工作占据个人的休闲生活，你是个很会享受人生的人。

　　8～14分：一旦犯了错误或被上司斥责，你对公司的忠诚度马上就会变得很低。

　　你的忠诚度是随着你的心情时高时低地变化的。如果你能很顺利地完成工作，被上司或者前辈褒奖的时候，你就会想着要为了公司努力工作；但一旦犯了错误，被上司斥责时，就会想："我可是在为公司不停努力工作着！这

样努力也得不到肯定,实在不值得为他效力!"这样的心情谁都可能有,但一定不要非常露骨地将这种心情直接表现出来。

15～20分:你的忠诚度很高,但容易意气用事,这会影响你对公司的忠诚度。

你不仅希望自己能够出人头地,也期待公司能够不断发展壮大。像你这样的人,如果跟上司关系不错,就能够将工作做得很好;可如果你与上司不合,即使只是稍稍对上司有了一点反感,你也很可能轻易就将工作辞掉。可以说,一时的意气用事,很可能影响你的忠诚度。试着跟上司好好沟通,不要轻易就放弃一份有前途的工作。

21分以上:你对待工作有强烈的责任感,对自己效力的公司也有很高的忠诚度。

你的忠诚度非常高,不仅仅对自己的本职工作很负责,对公司的发展也很上心,肯毫无保留地为公司献计献策,有你这样的员工,可以说是老板的福气。因此你的上司和前辈也很放心将一些大的项目交由你去处理。此外,对待同事你也能够做到宽厚和体谅,所以在公司里你的人缘很好,从上司到同事都很欣赏你,对你寄予厚望。

心理视点

有一个说法叫"一盎司忠诚等于一磅智慧",意思是说忠诚比智慧更加珍贵。

对公司忠诚就是对自己忠诚。一个没有忠诚感的员工不会得到老板的信任与重用,他们在社会上也很难找到自己的立足之地。

忠诚永远是一种美好的品德。在商业社会,经济的因素很重要,对个人而言,金钱固然是重要的,但是更重要的是一个人的优秀品质。

忠诚是一个人高洁品质的亮点,你会因为自己的忠诚赢得老板的信任,老板会因你的忠诚把你当作朋友看待,关键的时候会把重要的事务托付给你。

对事业的忠诚还能够赢得朋友的高度评价,甚至能够赢得老板竞争对手的尊敬。这样,你就能够在生活上、在工作上、在事业上为自己打造一片阳光地带,使自己的人生永远充满灿烂和辉煌。

求职时你最引人注目的是什么

 **测试导语**

要想拥有一份好工作，必须要抓住来之不易的好时机，要想抓住好时机，就必须把你最好的一面展示出来，才能让别人把机会交给你。什么才是你赢得机会的最佳武器呢？本测试可以诊断出你在求职面试时适合于你的有效的自我推销法。

 测试开始

你是一个经常迟到的学生，有一天你迟到时又被教导主任发现，这时你会怎么办呢？

A. 主动承认错误，以期得到原谅
B. 找寻新的借口
C. 大声地哭
D. 静静地听着训斥，找机会逃脱

 测试结果

选择 A：你可以通过突出你的女性魅力给面试官留下好印象。但是，如果一味地以性感来突出女性魅力则会产生负面效果。以后即便进了公司，也会有人说你是凭"美色"进入公司的。这样可就不好了。

选择 B：你的最佳武器是你的坚强。你有自己独立的见解，不会轻易改变自己的观点。假如能够重点突出你的这一优点，会给对方留下"此人对工作不会半途而废，定会善始善终"的好印象。

选择 C：你的"亮点"在于富有知性与教养。通过突出你的这种优点，可以给面试官留下很好的印象。你甚至可以谈及与公司业务无关的领域，总之重点是显示出你的博学多闻。尽量把自己的知识领域拓宽，以显示自己的综合素质。

选择 D：你最大的武器是脑筋灵活，你能够举一反三。突出你的这一优势，对方会产生"此人工作肯定敏捷利落"的印象。但是此类人往往容易轻视别人，应务必克服这个缺点！

心理视点

　　求职需要一定的技巧，否则即使你很有能力，也可能因为你的一点点失误，而与成功失之交臂。

　　(1)增加与公司的关联性。你如果半天也说不到和应聘公司相关的内容，面试官一定会心存疑问：这个人到底是来干什么的？

　　(2)适当展示过去的成就。既不要说得太过——要永远记住"过犹不及"，也不要表现得太保守——你自己都不愿展示，怎么叫别人发现你的优势呢？

　　(3)说话要有条理。把自己的信息编排一下次序，再告诉面试官，这样可以体现你有很强的目的性和逻辑性。

　　(4)态度坦诚，心态自然。要和面试官做平等交流，不要给人感觉自己很"被动"。也不必满脑子地想"一定要表现好"，否则心态就会有所扭曲。

　　(5)把握非语言因素。声调可略微低沉，语速要适当放慢。可以有适当的手势，但不要过多，不然会分散面试官的注意力。

　　(6)注重细节。比如，服饰要整洁大方，举止要文明有风度，面容要轻松自然、并带微笑等。

你为什么得不到老板的欢心

测试导语

　　有句话说："知己知彼，百战不殆。"把这句话套用在职场上，也可以帮助你事半功倍，顺利升迁晋级。

　　为什么你都这么努力了，却依然得不到老板的青睐？为什么每天累得要命，却无法顺利加薪，甚至升迁？你想知道自己工作上的错误认知在哪里吗？快来做做下面的心理测验，答案立见分晓。

测试开始

　　请仔细阅读下面的故事，选出一个你最不欣赏的人。

　　大丰开发公司的叶安琪与超联集团的袁志龙是商场上多年的竞争对手，平时即有不少摩擦。这次又为了争夺磁浮BOT的主导权再度铆上。由于双方实力差不多，所以，双方便积极拉拢磁浮BOT案的第三大股东，也就是中华控股的陆冠生总裁。

本来陆冠生总裁跟袁志龙的商场关系一直都维持得很不错，所以他也打算在股东大会上力荐袁志龙出任主席一职。只是老谋深算的叶安琪，竟然利用亲信的美女秘书周海伦，施展美人计去迷惑陆冠生，使得陆冠生不得不乖乖就范转而支持叶安琪。周海伦最后更因为觊觎陆冠生的庞大财产，而偷偷瞒着安琪，要陆冠生把财产转移到自己名下。

眼见股东大会就要召开，陆冠生却在此时此刻转向，心急如焚的袁志龙终于忍不住出面斡旋，在了解了整个事情的来龙去脉之后，对叶安琪自然是又气又恨，新仇加上旧恨，使得原本已经金盆洗手的袁志龙，决定再一次利用黑道力量来解决问题，于是请出了当年的结拜兄弟——司令。

本来袁志龙只想利用司令的势力，逼迫叶安琪可以放弃让出磁浮BOT的主导权，没想到司令在谈判时，却因为看上叶安琪以及秘书周海伦的美色而趁机劫色⋯⋯

叶安琪本来已经惧于黑道的威胁，有些想放弃了，却因为司令的色心，使得不甘受辱的她，再次要展开一场空前的报复行动。股东大会未开，一场腥风血雨的风暴却已经静悄悄地到来⋯⋯

请问，在你看完故事后，你会最看不惯谁的作风呢？

叶安琪：问题的症结都是因为她，她不作怪就不会有之后的事。

周海伦：她的野心太大，我生平最看不惯这种专门洗劫老男人的狐狸精。

陆冠生：身为总裁却如此不自制，活该落得人财两空的下场。

袁志龙：找黑道解决，只能治标不能治本，问题只会越来越严重。

司令：见猎心喜，这根本就是禽兽才会做的事。

测试结果

选择叶安琪的人：你工作上的错误认知，在于你只懂得埋头苦干，寄希望于自己非常有信心的实力，而不愿稍作屈就、妥协，也看不惯那些趋炎附势的小人，不愿意和他们打交道。所以你的人脉，很容易就成为你职场上的致命伤。

选择周海伦的人：你工作上的错误认知，在于你只愿意做自己分内的事，即便有时间也不愿意帮助其他同事，宁愿拿来胡思乱想，想着周末要跟谁约会，想着下班要去哪里玩。没人缘也就算了，问题是还会让上司误会你很懒散、不做事。

选择陆冠生的人：你工作上的错误认知，在于你过于高看自己，总觉得公司对你大材小用，尽是做一些让你看不上眼的工作，无法发挥自己的长处。更有甚者，你甚至还瞧不起那些默默耕耘、努力工作的同事。因为过分自命不凡，所以你总是怨天尤人。

选择袁志龙的人：你工作上的错误认知，在于你不精通公司的业务。你是个有点小聪明的人，也有很强的好奇心，喜欢涉猎不同的领域。只是你多半是浅尝辄止，会的东西虽多却杂而不精，甚至误以为这些东西可以帮你更上一层楼。最终的结果往往会一败涂地。

选择司令的人：你工作上的错误认知，在于你总是不肯努力，说得比做得多。凡事能混则混，能拖则拖；你甚至也会利用他人来完成你的工作，还自以为聪明，甚至自鸣得意。你一心等待可以有更上一层楼的机会，却始终无法如愿。

心理视点

建议选择叶安琪的人：好人脉不等于攀关系。这是个讲求团队合作的时代，每个人的时间都有限，学会营造自己的人脉，找到自己的合作伙伴，分工合作，让有专长的人待在自己的擅长领域里，你可以乐得轻松，工作成果也非你所能想象。

建议选择周海伦的人：别以为帮别人的忙就是吃亏了。除了可以得到友情外，认识他们的工作也可以提高你本身的实力。机会是留给准备好的人，平时一个微不足道的小动作或是习惯，很可能就在关键时刻让你脱颖而出，使你加入成功者的行列。

建议选择陆冠生的人：人因为有梦想所以伟大，但要实践梦想还需脚踏实地，从小处努力做起，否则只是好高骛远，也很容易一事无成。同事不见得没有梦想，也许只是你从不愿意去了解他们而已。看看别人，想想自己，人能成功，不无道理。

建议选择袁志龙的人：迈克·乔丹在NBA够成功了吧？他转而去打棒球却也只能从小联盟做起。为什么？因为专业领域不一样！同样的，在你的工作上，好好钻研自己的专业，才有出人头地的机会。

建议选择司令的人：聪明吗？其实路遥知马力，日久见人心！你只能骗得了一时，却无法骗得了永远。再者，不经一番寒彻骨，焉得梅花扑鼻香？很多事情你没有亲身做过，没有经验，就算给你再大的位置，你也没有能力胜任。

你能抓住升迁的机会吗

 测试导语

在人生道路上,谁都会碰上几次升迁的机会,而能抓住和用好这个机会的人才是高手。你能抓住升迁的机会吗?请拿起笔做下面的测试,只需回答"是"或"否",然后即可知道了。

 测试开始

1. 我换了更好的工作。
2. 我被指定负责某些事情。
3. 我对自己的身体健康状况非常满意。
4. 我达到了一项个人体能目标(如在规定时间内跑完3千米)。
5. 我的同事开始尊重我的判断。
6. 经过我的努力,我的专业能力更受肯定。
7. 我的投资获利可观。
8. 我对我的性生活比以往感到满意。
9. 我戒掉了一个坏习惯。
10. 摆脱了一个事事会拖累我的朋友。
11. 我比以前更能控制遭遇困难时的情绪反应。
12. 我更能保留自己的想法并广纳众议。
13. 我获得了加薪。
14. 我在各种社交场合里愈来愈能处之泰然。
15. 我买了一部新车。
16. 我逐渐接近理想体重。
17. 我的感情生活相当稳定,或我的婚姻渐入佳境。
18. 我买了从未想过要拥有的东西。
19. 我提出意见或看法时更有自信。
20. 我比以前更会运用时间。
21. 我开始穿着更贵的服饰。
22. 我重新整修、布置了房子(包括租来的)。
23. 我有了新的嗜好。
24. 近来老板对我的态度越来越好。

25．我买了一部个人电脑。
26．我招揽了一些新客户。
27．我搬到更好的社区。
28．我的意见和想法愈来愈受上司的重视。
29．我的老板更依赖我的专业才能。
30．我参加国外旅游或考察。
31．我比一向被视为榜样的人赢得更多名利。
32．我比过去更会存钱。
33．我在同行之间小有名气。
34．我对我的工作质量更有自信。
35．我控制了自己的饮食习惯。
36．我的网球（或其他运动）技术有显著进步。
37．我成功地完成生平最大的计划。
38．我结交了一些益友。
39．我比以前看了更多书（小说除外）。
40．我比以前更能控制情绪与压力。

评分标准

凡是答"是"计1分，答"否"的不计分，计算总分。

测试结果

0～5分：你得分很低，除非已经登峰造极，无须再有什么晋升，否则，得分低的人有必要提升自己的职场能力。如果你被分在此组，你的职场能力令人担心，或是你缺乏方向或尚无目标，整天毫无目的。你应该努力改变现状，否则，你不可能抓住升迁的机会。

6～10分：你得分低，存在着与前者大致相同的毛病，但你比前者肯定会好一些，你需要的不是升迁的机会，而是在工作中集中精力，设定更明确的目标。

11～17分：你得分中等，就获得晋升的可能性而言，你比前面两者的机会大。你有充沛的精力和较明确的目标，而且你还有一定的成绩基础。你应该充分利用自己的职场能力，扩展自己的视野，朝既定目标努力迈进。加油！升迁，就在明天。

18～22分：你得分较高，你正努力增加自己成功的机会，但力量有必要集中一点。你就像手持霰弹枪，什么目标都想击中。只要不产生焦虑，这样做没什么不好。但最好谨记，成就的质量比成就的数量更重要，如果你能好好确定方向，抓住升迁的机会，获取更大的成功对你来说并非难事。

23分以上：你得分较高，你的能力很强，但你也很有野心，所以易杂乱无章，各种目标都想达到，这易使你因忙乱而错过成功的机会。你不妨与专家谈谈，或许你的成就动机很强烈，但却欠缺必要的知识和方向。

心理视点

你可以利用以下策略在职场上提升自己的职位和待遇。

（1）目前的工作领域里，你有没有能力胜任更高一层的工作？虽然，有时候你难免会遇到挫折，但还是要把握每一个机会，让别人知道，你有意愿和能力做更多贡献。

（2）当问题发生，你是否有能力解决（而不需把问题交给同事或上司）？如果你能降低上司的工作量，他会很感激你的。

（3）你有没有寻找及把握升迁机会？要知道，机会很少主动上门。

（4）你愿不愿意做别人不愿做的事，并在过程中汲取新技能？技能是职场的关键。你能胜任的工作越多，你的身价也就越高。不过，还是一句话：你必须为自己创造机会。

（5）你能不能为公司创造赚钱新渠道？超级业务员往往比他们的上司赚更多钱，创造新产品、为现有产品注入新生命和开发新客户等等，都能为你在职场里带来更多的利益和影响力。

第九章
你能拥有多大的一块奶酪
——你的成功系数有多大

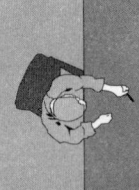

你找到自己成功的方向吗

测试导语

每个人都希望自己能成功，但取得成功的前提是先找到成功的方向。

这里对你成功倾向作一解剖，希望你能对自己有个正确估价。对以下问题可以有4种不同的基本态度，即：A．非常同意；B．有些同意；C．有些不同意；D．完全不同意。选择适合你的一项。

1．喜欢高消费，并且有能力享用。
2．作为团体成员，认为团体成功比个人成功更重要。
3．适应能力很强。知道什么时候自己的环境会改变，并为这种改变做好了准备。
4．如果知道这个计划有正面的和积极的成果，将会全力以赴。
5．工作情绪很高，有用不完的精力，很少有枯竭。
6．有时候成败的确可以论英雄。
7．宁愿看到一个方案延迟，也不愿无计划、无组织地随便完成。

8. 假如我知道这件工作必须完成，那工作的压力和困难都不能困扰我。

9. 大体说来，常识和良好的判断力对自身来说，比了不起的主意更有价值。

10. 以能正确地表达自己的意思为荣。

11. 快乐的意义对我来说比钱更大。

12. 极为重视自己的名誉。

13. 非常喜欢别人把自己看成是个身负重任的人。

14. 一旦下定决心做一件事，肯定会坚持到底。

15. 对犯错的态度非常严肃。

评分标准

答案\得分 题号	1	2	3	4	5	6	7	8	9	10	11	12	13	14	15
A	3	3	3	3	2	3	3	3	3	0	3	3	3	3	1
B	2	2	2	2	3	2	2	2	2	1	2	2	2	2	3
C	1	1	1	1	1	1	1	1	1	2	1	1	1	1	2
D	0	0	0	0	0	0	0	0	0	3	0	0	0	0	0

测试结果

0～15分：对你来说，成功的意义是圆满的家庭生活和精神生活，而不是权力和金钱的获得。你能从工作之中得到成就感，所以不喜欢向上爬，你只要为实现自我目标而努力就可以了。

16～30分：也许你根本就没想过去争取高位，至少目前如此。即使你具有这种能力，但是你还不准备做出必要的牺牲和妥协。你是一个不愿改变现状的人，也许你认为一切都时机未到。

31～45分：你有获得权力和金钱的倾向，希望爬上任何一个组织的高峰。你是为了成功而愿意努力奋斗的人，并很容易获得成功。成功不仅源于你对自己的清醒认识，更重要的就是你的自信。因此当你面对困难时，常常是从容不迫。

> **心理视点**
>
> 要想成功，就要选择正确的方向及合理的目标。如何才能选择出正确的方向及合理的目标？有几条原则可供参考。

(1) 选择成功才能成功。

成功与否首先是心态的选择。有志者事竟成，志不坚者智不达，立志是成功的首要因素。

(2) 选择双重价值的符合度是衡量成功的尺子。

成功方向目标的选择，其实质是对自己人生价值的选择。正确的选择是，所选择方向目标既能实现自己的愿望和人生的价值，又符合社会的需要，有社会价值，就是说在个人价值与社会价值之间有个"符合度"，这个符合度的高低是衡量成功度的一把尺子。

(3) 选择自己的优势是成功的加速器。

在不同领域的成功需要不同的条件。选择适合自己的发展领域，首先要明确自己想干什么，能干什么，自己的优势是什么，自己的强项在哪里。这样才能充分发挥主动性和创造性，才能取得成功。

(4) 选择大目标才能产生成功的强动力。

目标是走向成功的动力，是行为的导向。目标大一点长远一点，有利于激发你的潜能，鞭策你奋发向上；目标远大，其行为才能专一、持久、长远，坚持自己的大目标，持之以恒地干到底，不达目的誓不罢休，最终必然会成功。如果目标定得很小，就容易造成脚踩两条船或三天打鱼两天晒网的行为，也就不可能取得成功。

你是否掌握了成功的密码

测试导语

有人说成功的真正秘密，在于没有秘密。这种说法不无道理，因为成功的秘密不止一条，对于不同的人，多种不同的因素，决定着他们能否成功。而多种不同的因素恰恰是其中的秘密因素，要想知道自己是否掌握了成功的密码，做下面的测试就知道了。

对于下面的每道题，从1～5题中选择一个数字，表示你对该陈述的认同度或者适合你的程度。一共35道题，每条陈述只选择一个数字。选5表示你最认同、最适合于你，依次递减，1表示你最不认同、最不适合于你。

✓ 测试开始

1. 我是实干家，不是空想家。
2. 我努力工作是因为被自己内心的信仰和追求所驱动，而不仅仅是为了酬劳。
3. 在生活中，我总是自己创造机会，无论好坏。
4. 我总是觉得下班时间太早。
5. 我是那种总有很多工作要做的人。
6. 我是一个特别自信的人。
7. 我从不放弃好的计划。
8. 为了得到想要的东西，我有时会很无情。
9. 无论其社会地位如何，我总让人们感觉在我的公司工作是一段有意义的经历。
10. 完美是不可能的理想。
11. 尽力做好每一件事十分重要。
12. 人生的成功远远不限于实现自己设定的目标。
13. 如果放弃某种爱好能让我达到事业上的成功，我会毫不犹豫地放弃，即使这个爱好是我最喜欢的。
14. 我很喜欢刨根问底。
15. 我认为应当抓住人生的每一个机会，哪怕有时要冒一定的风险。
16. 我很容易对某一件事情长时间地集中注意力。
17. 我总是展望未来。
18. 我不是万金油式的"三脚猫"。
19. 我可以毫不费力地向别人表达自己的想法和感受。
20. 每一天我都感觉自己很自信。
21. 世界上没有所谓的好的失败者，尽管有些失败者的情形会略好一点。
22. 我不害怕成功，尽管这可能给我带来敌对者。
23. 永不放弃。
24. 如果不与其他人交往，不可能获得成功。
25. 当我在别人的公司时，我感觉自己很重要并且很特别。
26. 每个人都可以克服社会隔阂。
27. 我强烈认为，一旦开始工作，就要有始有终。

28. 我不喜欢听其他人吹嘘自己的成就。
29. 我比一般人的担忧要少得多。
30. 我从不采取折中办法。
31. 在很多人面前演讲时，我不会感到紧张。
32. 我不害怕失败。
33. 努力工作是成功之道。
34. 我很清楚5年后自己大概是什么样子。
35. 我是那种不断尝试的人。

评分标准

你选择1～5个数字中的哪一个，就计分为几，最后汇总得分。

测试结果

126～175分之间：你的得分表明，如果你现在还没有成功，那么你的成功也是指日可待；如果你已经获得一定程度的成功，那么你还将取得更大的成功。你几乎拥有成功所需要的所有条件，例如，性格、坚持、才能和想象力，当然还有最重要的雄心壮志，它激励你努力实现你的目标。

需要警惕的是，你要注意不要成为完全的工作狂，不要以牺牲家庭，或最终的个人幸福为代价。如果你能够成功地调整两者之间的平衡，那么无论是在个人生活还是事业生涯上，你都能够实现大部分目标。

90～125分之间：你确实渴望成功，并且拥有许多成功所需要的品质，但是也许你应当工作得再努力一些，并且向自己再灌输一些自信心，相信自己可以获得成功。也许你仅仅是梦想成功，却没有指望梦想能够实现。你要明白只有依靠你自己才能够将这些梦想变成现实。的确，你工作很努力，但这是在为别人服务，还是在为自己而奋斗呢？如果是在为别人服务，那么请让自己相信：一分耕耘，一分收获，并且这些回报可以而且应当向着你自己的目标的方向前进。在说服自己之后，也许接下来就有必要说服别人。这听起来似乎并没有那么容易，但却是完全可能的，正如许多人已经证实的那样。

考虑设计自己的目标同样很有用。许多成功者都为自己设计目标，然后从自己目前所处的位置向目标迈进。这些目标可以是任何你想得到或者需要的，但是在设计目标时，应当考虑其他可选目标、其他人以及生活中的其他方面。提前做计划的好处在于，你心里很清楚自己真正的最终目标。在设定目标之后，下一步应当是采取正确的行动朝目标努力。

总分低于90分：如果希望在自己从事的领域中获得成功，你还需要付出大量的努力。但这真的是你最想得到的吗？你也许认为生活中快乐比成功更重要。事实上，对许多人而言，快乐就是成功。许多人认为只有实现自己的抱负才会快乐，另一些人则认为快乐是和谐的家庭生活、稳定的工作，以及正常的收入，无须太多压力和责任。另外，请记住成功的大小是不同的。对许多人而言，成功是拥有一份收入可观的稳定工作，并且能胜任工作；对另一些人，成功是在自己从事的行业中到达顶峰；还有一些人则认为成功不外乎名誉和财富。

心理视点

不同的人对成功的追求也千差万别，所以成功必备的条件、因素也各有不同。比如，歌唱家、画家、科学家等，他们要求特有的素质。但成功也需要共同的因素，如执着、自信、努力等，这就要求我们在迈向成功的道路上要认清目标、审视自己、努力奋斗！

你的成功指数有多高

测试导语

成功的大门为有准备的人而开，"海阔凭鱼跃，天高任鸟飞"，你想成为一只傲视长空的雄鹰，还是一条跃进龙门的鲤鱼呢？做一下下面的测试，看看你的成功指数有多高，还可以顺便看看你的不足在何处，赶快开始吧！

测试开始

1. 你去商场买衣服的时候，和另一个人同时决定买下同一件衣服，这时你会怎样做？
   A. 很有礼貌地让给那个人
   B. 一定要买到手

C. 问问那人为何想要，两人商量一下

2. 你对你现在从事的工作怎么看？
A. 为了将来更出色打下坚实的基础
B. 干得和大家一样好
C. 争取做得比别人出色

3. 如果你一天被偷了两部手机，你会有什么感觉？
A. 觉得很羞耻
B. 命中注定，今天被偷
C. 一定是自己的问题，太不小心了

4. 你在家里正看书，如果突然发生强烈地震，你想你会怎么办？
A. 找个狭小的角落躲起来
B. 往外逃
C. 和家人们在一起

5. 你坐中巴出去旅行的时候，半路上汽车忽然抛锚，你会做什么？
A. 下车看看什么原因，帮帮忙
B. 在车上等
C. 乘机出去玩一会儿

6. 你比较向往下列哪种生活状态？
A. 艺术家自由自在的生活
B. 探险家新奇刺激的生活
C. 企业家充实勤奋的生活

7. 对"要想成事，先要做人"这句话你怎么看？
A. 真理
B. 废话
C. 一句空泛的哲理

8. 你在学生时代做过班级的管理工作吗？
A. 一直是干部
B. 没当过干部
C. 曾经做过班干部

9. 你一定玩过秋千吧？你荡秋千的时候通常是什么状态，还记得吗？
A. 能荡多高荡多高
B. 有节奏地来回荡
C. 坐在秋千上，随意晃动

10. 你认为你要发大财需要什么条件？
A．机遇
B．不懈地奋斗
C．奋斗＋机遇

评分标准

选项\得分 题号	1	2	3	4	5	6	7	8	9	10
A	1	2	2	3	3	1	3	3	3	1
B	2	1	1	2	2	2	1	2	2	2
C	3	3	3	1	1	3	2	1	1	3

测试结果

24～30分：成功指数80%，功到自然成。你能把握机遇战胜困难，是个难得的帅才，而且你具备成功的决心、智商和勇气。在挑战面前，你务实勤奋的精神，使你周围的人都深受感染。只要你尽力，命运就不会让你失望。

17～23分：成功指数49%，功亏一篑。成功往往与你擦肩而过。你的问题就在于你既想做事又想过舒服的日子，这样使两头都没有得到，经常离成功只有一步的时候失败。你应该增加一些信心和恒心，或许成功机会会大增。

10～16分：成功指数30%，功成不居。你对名利和权势不是特别热衷。因为你的生活目的和标准与别人不太一样，敏感浪漫的情怀使你很向往自由艺术的生活。所以在不经意间，你可能成就大事。这是强求不来的。

心理视点

成功的5大指数是：

(1) 成功的欲望指数。你成功欲望的强烈程度，决定了你成功的速度、高度，你的心有多大，舞台就有多大，我们都想成功，但成功的意愿到底有多强，比求生的欲望还强吗？

(2) 抗挫指数。挫折与挑战每时每刻都在我们成功的道路上，我们每天都可能会碰壁，但我们比好莱坞明星史泰龙为了成功遇到的挫败还多吗？他为了实现自己成为一个电影演员的梦想可以失败近600多次，而我们，受到了多少挫折呢？

(3) 学习指数。21世纪比的是再学习，一个成功的人一定是一个爱学习的人，不论文凭有多高，我们一定要努力学习，只有成为内行、专家，我们才能做好我们的事业。

(4)执行力指数。设定了明确的目标，但没想方设法用尽自己的全力去做、去执行，怎么会成功呢。许多成功的人士告诉了我们他们的经验，我们有照他们的方法去执行的吗？

(5)行动力指数。再大的目标，如果我们每天不按自己的计划去行动、去做，成功还是很难。改变自己的习惯，一定能成功。

你是一位事业型的人吗

测试导语

你是一位居家型还是事业型的人呢？做完下面的测验，你就会对自己有更深刻的了解了！

测试开始

1. 下面哪一个最能够让你感到满意？
A. 选择有保障的职业并且能让我感到愉快
B. 事业非常成功，并且在我选择的行业中达到顶峰
C. 被人们尊重，因为他们认为我的工作做得相当出色

2. 你是否会为了获得提升而说谎？
A. 没有
B. 是的
C. 也许

3. 为了在最后期限之前完成工作，你是否经常把工作带回家里来完成？
A. 很少或从不
B. 经常
C. 有时

4. 如果你错过了升职的机会，你会感到很沮丧吗？
A. 一点也不沮丧
B. 不仅仅是沮丧，我的心灵受到了伤害
C. 也许会有些沮丧，但很快就会忘记

5. 下面哪一项对于你最重要？
   A. 拥有真诚的朋友
   B. 拥有地位
   C. 被我的同事尊重

6. 你是否认为自己是所从事领域的专家？
   A. 不是
   B. 是的
   C. 我还有很多需要学习的

7. 你是否总是关心你所在的工作单位发生的每一件事情？
   A. 不是
   B. 是的
   C. 不是所有的事情，但是我对公司的总体状况很感兴趣

8. 工作和业余爱好，你最喜欢哪一个？
   A. 业余爱好
   B. 工作
   C. 两者一样

9. 当参加面试时，你认为下面哪一个最为重要？
   A. 让人感到我很聪明并且很热情
   B. 看上去不错，并且很有自信
   C. 非常能干，并且拥有良好的能力背景

10. 对于一位你认为是公正的人，你是否会不辞劳苦地去结交他？
    A. 不会
    B. 是的，如果你想在事业上有所发展，那么认识公正的人十分重要
    C. 有时会，因为认识公正的人说不定会对事业有所帮助

11. 对你而言，成功和褒奖有多重要？
    A. 我觉得成功和褒奖能够让我感到满意，而不是极其重要
    B. 极其重要
    C. 比较重要

12. 在周末或者假期，你是否很容易从工作中解脱出来？
    A. 很容易
    B. 在周末或假期，我从来没有完全从工作中解脱出来
    C. 有时，要想完全解脱出来会有困难

13. 为了推进自己的事业，你是否会控制自己的社交生活？
    A. 不会
    B. 是的
    C. 可能，但不是所有的

14. 你是否会为了提升自己的事业而去奉承某个你鄙视的人？
    A. 绝对不会
    B. 会的
    C. 也许，但这样做的确让人感到不舒服

15. 为了在工作中树立形象，你花多少时间和心思用于打扮自己？
    A. 对这个问题，我没有考虑太多
    B. 花了不少时间和心思，因为工作中的形象对我而言非常重要
    C. 为了让自己看上去精神一些、像样一些，我花费应有的时间和精力

16. 你所在的公司在本国的其他地区设立了分公司，打算委派你为分公司经理。假设你住在总公司所在地区并且对现状十分满意，你的反应最可能是下面哪一个？
    A. 我非常不愿意调动
    B. 我愿意调动，并且希望我的家人能够理解并且支持我的决定
    C. 我将会与家人商量，以便和他们达成共识

17. 你是否经常与家人和朋友谈论你的工作？
    A. 不是，我认为应当放松，不要拿我的工作作为话题去烦扰别人
    B. 是的，我可能会
    C. 我不知道自己会不会

18. 你非常努力地工作吗？
    A. 不如我应当作到的那么努力，人生太短暂
    B. 为了实现我的抱负，我十分努力
    C. 也许比我应当作到的要好一些

19. 那些能够决定你前途的人是否了解你的能力和工作业绩，你觉得这很重要吗？
    A. 不是很重要
    B. 极其重要
    C. 比较重要

20. 如果你认为参加一项昂贵而费时的培训对于你的事业会有所帮助，你是否会这样做？
    A. 不可能

B．是的

C．也许

21．如果突然间你被意外地裁员，下面哪一个可能是你的第一反应？

A．我不知道该如何向家人诉说这一不幸

B．几乎被彻底打垮，因为必须重新寻找工作，而且可能要再次从最底层开始努力

C．感到震惊，难以接受

22．如果从长远的角度来看，暂时的减薪会对你的事业发展有帮助，你是否会接受？

A．我不会因为期望事业发展而接受减薪

B．是的，如果我认为这样做从长远来看对我有利的话

C．不太可能

23．为了个人事业，站在公正的人那边，这对你有多重要？

A．不是特别重要

B．非常重要

C．我尽量不得罪任何人

24．你是否认为自己应当在所选择的行业中达到顶峰？

A．不是，我宁愿把这种压力留给其他人

B．是的

C．如果不能达到最顶峰，也许应当比我现在的状况要好一些

25．如果某天早晨你醒来的时候感到头晕眼花，并且怀疑自己得了流感，你可能会选择下面哪一项？

A．我可能会给公司打电话请假说自己病了，如果感觉能够工作时，才会去上班

B．去工作，并且迎难而上

C．在这种情况下去工作是愚蠢的，因此我可能会请一天假，并且希望第二天能够恢复健康继续工作

26．你认为获得资格证书的主要目的是什么？

A．拓展和锻炼，并且让自己获得一种成就感

B．获得好工作，对事业有帮助

C．拥有好的个人能力背景

27．如果有机会，你是否会离开家人和朋友，去国外工作 6 个月？

A．不可能

B．会的

C. 可能会

28. 为了登上成功的阶梯，你是否认为应当尔虞我诈？
A. 即使那是必须的，也不适合我，因为在我的本性中没有尔虞我诈
B. 基本上是这样
C. 这样有时会有帮助

29. 为了赶在最后期限之前完成工作，你是否会取消假期？
A. 除非不这样做会让我丢掉工作，否则我很难想象自己会不过假期
B. 是的，在特定的情况下，我会认为这样做是我的职责
C. 尽管不愿意，我还是会这样做

30. 你是否盼望着有一天退休，并且过着悠闲的生活？
A. 非常渴望
B. 压根没有，如果能够选择，我希望永远不退休
C. 那不是我特别盼望的事情，但是如果退休了，我希望能够最大限度地过好退休生活

评分标准

回答"A"计0分，"B"计2分，"C"计1分，最后汇总分。

测试结果

27分以下：你不是一位事业型的人，但并不表示你没有或者不能在自己所从事的行业中取得成功。

对于大多数人来讲，事业代表着他们的身份，换言之，事业决定他是谁。对于你来说，情况却不是这样，事业只是你的一部分，而不是全部。

通常，我们的价值观将决定我们的人生。对于你而言，是幸福和满足感而不是事业成功在激励着你。对于许多人来说，幸福和满足感来自于事业的成功，对你而言则是稳固的家庭生活，稳定的工作，无须承担太多的工作责任，以及不菲的收入。如果不能成为自己希望成为的那种人，没有人会感到幸福。

28～44分：你是一位事业型的人，但没有过分沉迷于它。

尽管事业对你来说很重要，但它并不像你的家庭那么重要，你认为只有拥有牢固的家庭纽带才会带来安稳和幸福的生活，才可以实现人生的长远目标，正是这种家庭价值而不是事业一直激励着你。除了工作以外，你还喜欢培养其他各种兴趣爱好，并且能够有效地利用自己的业余时间。

你可能是那种以自己的工作为荣，并且有一定野心的人，因此，当事业发展的机会呈现在你面前时，你能够牢牢地抓住，但你不会坚持有意识地去

寻找发展事业的机会，事业进步在你的信念中并不是摆在第一位的。

对于大多数人而言，要在事业、家庭和知足的核心价值观之间达到适当的平衡，意味着能够成功地实现自己所设计的大多数目标，包括职业生涯和私人生活。

45～60分：你是一位事业心很强的人，事业对于你来说也许是你人生中最重要的事情。

你会在力所能及的范围内竭尽全力让自己在所从事的行业中取得成功。你不仅仅将事业看作生活的方式，而且认为它是为你和你家人谋取财富和名望的通道。

沉迷于事业的人有时会忘却生活中许多需要优先考虑的问题。由于创造成功的事业需要投入大量的时间和精力，许多事业型的人成了工作狂，结果对很多其他的事情都不感兴趣。事业心很强的你，应该平衡好工作与生活的关系，要知道，工作并不是人生的全部。

心理视点

如果事业心太重，用在家庭和生活上的心思和精力就会变少。另外，太醉心于事业的人大多都会有指挥他人的欲望，与他相处有很大的压力。所以对待事业要执着、要专心，但不可为了成功而成为工作狂。因为，成为工作狂的人身体、精神方面都不会太健康。

何时为你的最佳创业时机

测试导语

创业是很多年轻人的梦想，创业可以实现人的梦想，实现自己的人生价值，使生命更有意义。可是创业需要创业时机，只有创业时机到了才能创业，要不然失败的可能性会大一些。想知道自己的创业时机是否到来了，请做下面的测试。

测试开始

正酣然入睡的你忽然被手机铃声惊醒，你会做何反应呢？
A．立即接通

B. 拒接
C. 看完电话号码后决定
D. 不理睬继续睡

测试结果

选A：敏感的反应验证了你"求机若渴"的心态，开创事业的机遇也随之而来了，并且来得非常突然，让你有些摸不着头脑，抓住时机迎接挑战吧，但切记要具体问题具体分析，适时而动。

选B：你不追逐名利，对自己的生活现状比较满意，对未来是"过了今天再说"的心态，忙碌的你却不会因此而失去发财的机会。

选C：你是位处事不惊的人，能够把握有利时机。沉稳的你往往会在失意中出现佳机，并且此时还会有人大力扶持，记住：失败不要气馁，成功就要到来！

选D：看来你确实太累啦，一直在为事业奔波劳累的你饱受过不少失败，致使你对未来失去了信心。调整心态，重新开始吧，在你重整旗鼓后不久，真正适合自己的创业时机就会到来。

心理视点

创业其实是一件水到渠成的事情。当你有了一定的准备，就像水烧开一样，这时候揭锅就刚刚好。具体来说，要具备以下几个条件：

(1) 你是否具备当领导的能力，你当领导是不是有人服气？

(2) 你的手上有没有合适的、可能会赚钱的项目？没有项目，只有满腔热血和激情，是不适合创业的。

(3) 你有没有合适的、很能干的搭档？如果不知道自己的合作伙伴是谁，那你创业多半不会成功。这是创业要具备的最基本的条件。

具有创业梦想的人不妨问问自己："我是否具备了以上三个条件？"如果答案是"是"，那么，你的创业时机就到了。

第九章 你能拥有多大的一块奶酪

你会取得多大的成就

 测试导语

　　成功到底凭什么？当初一同来到单位的同事，资格、学历都不相上下，同样举目无亲，背井离乡来到京城，为何他已扶摇直上，而你却徘徊不前？实力相当，但为何最终跑赢的是他而不是你？
　　要想在事业上取得成就，先要问问自己有否成就欲和积极性。究竟如何，通过下面这个测验就可知道。

 测试开始

1. 当你在工作上遇到困难时，你会：
A．想办法自己解决
B．选择逃避
C．求助他人

2. 你现在的工作态度是：
A．要出人头地
B．干得和大家差不多就行了
C．做得比别人好一点点

3. 你部门刚好有一个管理职位的空缺，你认为自己可以胜任，你会：
A．当仁不让，积极争取
B．等上司钦点
C．无所谓

4. 公司突然停电，你会：
A．帮忙查明停电原因及想法解决
B．等人维修后再继续工作
C．反正停电，不如出去歇歇。

5. 你在公司暗恋的对象被人追求，你会：
A．当无事发生
B．誓要把心爱的人抢到手
C．另选第二个目标

6. "要赢人，先要赢自己"，你认为：
A. 是真理
B. 未必人人做到
C. 十分老套

评分标准

选项\题号	1	2	3	4	5	6
A	3	3	3	3	1	3
B	1	1	2	2	3	2
C	2	2	1	1	2	1

测试结果

15～18分：积极向上，成功在望！你心目中有远大的目标，为了实现理想你会坚持不懈，即使遇到困难挫折也不会罢手。你同时具备积极性和成就欲，由于你充满自信，故任何事在你眼中都是轻而易举的。但要小心自视过高会弄巧成拙，你应该听过"聪明反被聪明误"这句话，凡事都要适可而止。

11～14分：野心不大，尚算积极！你在实现一个目标时，有一定的积极性，但却缺乏持续性和主动性。当追求的目标一旦实现时，你就会停手。你很容易满足，也没有大野心，只是感到面临危机时，你才会着手计划下一步行动。

6～10分：安于现状，自得其乐！你比较安于现状，不习惯接受新事物、新挑战。即使现实生活需要你做出抉择时，你不是犹豫不决就是退避三舍。虽然成就欲和积极性都欠缺，但你的人生追求并不在此处，你或许喜欢结交朋友，或许有自己十分感兴趣的业余爱好，那才是你的乐趣所在。工作方面，你甘于接受简单易做的工作，并自得其乐。

心理视点

不管是获得奖状、考100分或加薪，成就都可以给人带来正面的增强作用，增加人的自信。但是成功的人都知道，仅仅设定目标并设法达成，并不能保证带来成功，重要的是要设定切合实际的目标，好让自己更接近成功。

专家建议，最好每12个月就设订一些实际且有重心的目标，按部就班地去做。目标若没有重心，力量就会分散，成就也会显得凌乱而没有方向。

国外的测验结果显示，在成功的人当中，得分高并不代表最有成就。事实上，最成功的人在一年当中成就的事项不一定很多。

第十章
你是社会生存的赢家吗
——掌握自己的生存指数

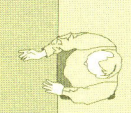

你的心理适应能力如何

心理适应能力的强弱关系到我们能否工作得愉快,生活得幸福。你知道自己的"应变弹性"如何吗?下面一组心理适应能力测试题,将给你一个明确的回答。

本测试帮助你了解自己心理适应能力的强弱,共15题,每题有3个答案供你选择,请根据自己的第一印象进行选择,不要犹豫。

1.有人莫名其妙地谩骂了你一顿,你会:
 A.头脑清醒,冷静而适度地予以回击
 B.一下蒙了,过后才去想当时该如何进行反击
 C.在当时就还了几句,但不切中要害

2.你在大会上演说的姿态、表情、条理性及准确性与你在办公室里讲话相比怎样?
 A.基本上没什么差别

B. 说不准，看具体的情况而定
C. 显然要逊色多了

3. 你到外地出差或旅游，住进旅馆，睡在陌生的床铺上，你会：
A. 失眠得厉害，连换一种睡眠姿势、换一个枕头也会引起新的失眠
B. 有时会失眠
C. 和在家感觉没有什么差别

4. 工作时间一改，你会：
A. 在相当长一段时间内发生紊乱
B. 起初的两三天感到不习惯
C. 很快就习惯了

5. 你急着赴约，中途却被拥挤的交通所阻，你会：
A. 变得急躁不安，同时想象等候者恼火的样子
B. 设想等候者会体谅你是不得已而迟到
C. 很着急，但想想急也无益，干脆不去想它

6. 只有在安静的环境中，你才能读书，周围有吵闹时你便会分心吗？
A. 是的
B. 看吵闹的程度而定
C. 不，只要不是跟我吵，仍能专心读书

7. 参加一个全是陌生人的聚会，你会：
A. 先喝几杯酒让自己放松一下
B. 有时感到不自在，有时又能从这种状态中摆脱出来，与人相叙甚欢
C. 立即加入最活跃的一群，热烈交谈

8. 你工作中要用的重要文件不翼而飞了，这时你会：
A. 急忙把那些可能的地方找一遍
B. 心情暴躁地东翻西找
C. 不动声色地对最近一段时间的行为做一番仔细回顾

9. 改白班为夜班之后，尽管你尽了最大努力，但工作效率总不如那些和你同时改夜班的人高，是吗？
A. 对
B. 说不上
C. 不是这样的

10. 你事先给一位朋友打电话预约登门拜访，他答应届时恭候。可当你如约前往时，他却有急事出去了。这时，你会：
A. 有些不满，但既来之则安之

B. 嘀咕不已

C. 充分利用这一空当，为自己下一步要做的事计划一番

11. 当看到来自某个其他单位的公共信件时，你会：

A. 试着自己弄清事情的缘由

B. 装作没看到，随便谁去处理

C. 找个理由推给办公室其他同事去处理

12. 领导给你安排的工作期限马上就要到了，你会：

A. 变得更有效率了

B. 开始错误百出

C. 心中暗急，但仍勉强维持正常状况

13. 同事们总说小刘脾气执拗，难以相处，你觉得：

A. 小刘蛮好接近的，大家恐怕不太了解他

B. 说不上对他什么感觉

C. 也有同感

14. 你向来用圆珠笔写字，现在要你换钢笔书写，你会：

A. 感到别扭

B. 有时有点不顺手

C. 感觉与圆珠笔没什么区别

15. 和别人发生了更大冲突后，你会：

A. 转回到工作上，但有时难免出神

B. 唠叨个不停，工作量递减

C. 不受影响，继续专心工作

测试标准

答案\题号	1	2	3	4	5	6	7	8	9	10	11	12	13	14	15
A	1	1	5	5	5	5	5	3	5	3	1	1	1	5	3
B	5	3	3	3	1	3	3	5	3	5	3	5	3	3	5
C	3	5	1	1	3	1	1	1	1	1	5	3	3	1	1

测试结果

20分以下：心理适应能力强。世界千变万化而你"游刃有余"，生活中、工作中的各种压力你常能化之于无形；你过得心情愉快、万事如意，这种精

神品质有利于你的心理平衡与健康。你是个生命力很强的人。

21～48分：心理适应能力一般。事物的变化及刺激不会使你惊慌失措，一般情形下你都能做出相应的适当反应，可是如果事件比较重大，变化比较突兀，那你的适应期就可能要拖长。你了解自己的这种情况之后，最好预先准备，锻炼自己的快速适应能力。

49～75分：适应能力差。你不习惯生活、工作中的各种变化，这些变化常使你坐立不安、无所适从。不过，只要你意识到了，还是有希望改善此状况的。首先，你要从思想上对那些你总看不惯的东西冷静地剖析一番，它们真的是难以忍受吗？其次，要在心理上具备灵活转移、顺应时变的快速反应能力，不要将自己拘禁在惯有的固定模式中。

 心理视点

面对纷繁复杂的现代社会环境，人们应具有良好的心理适应能力，以胜任各种富有挑战性的工作，否则便会产生自卑感，自信心不足，跟不上现代社会的节奏。

如何增强心理适应能力呢？首先要客观地认识自我，树立起信心；其次是建立起一个现实的目标，对自己的发展必须建立在现实的基础上，扬长避短，争取成功；再次，对生活采取宽容态度，处处替他人着想，切忌以自我为中心，要胸襟坦荡，善于接受别人；最后，只有在工作中及与人交往上做好自我调节，平衡心理，才能在竞争激烈的社会中得到发展。

你的社会适应能力如何

 **测试导语**

我们身处的大千世界充满变化，在很多时候，多数人并没有能力改变所处的环境，只能在一定程度上改变自己，让自己更加适应外部世界，可是"江山易改，本性难移"。改变，你能做到吗？

此项测试有20道题，每题有5个答案备选，每题只能选一个答案。请在10分钟之内完成。

A. 与自己的情况完全相符
B. 与自己的情况基本相符
C. 难以回答
D. 不太符合自己情况
E. 完全不符合自己情况

测试开始

1. 和许多不认识的人在一起，我总是感到脸红、心跳。
2. 能和大家相处融洽对我是很重要的，为此我经常放弃真实的想法，以便与多数人保持一致。
3. 只要一体检，我的心脏总是跳得很快，可我在日常生活中并不总是这样。
4. 哪怕是在环境很热闹的大街上，我也能全神贯注地看书、学习。
5. 参加某些竞赛活动时，情况越激烈我就越紧张。
6. 越是重大考试我的成绩越好，比如升学考试成绩就比平时高许多。
7. 如果让我在没别人打扰的空房子里进行一项很重要的工作，那我的工作效果一定很好。
8. 不管面临多么紧张的情形，我都能毫不紧张、应对自如。
9. 哪怕是已经倒背如流的公式，老师提问时我也会忘掉。
10. 在大会发言时，我总会赢得最多的掌声。
11. 在与他人讨论问题时，我经常不能及时找到反击的语言。
12. 我很愿意和刚见面的人很随意地聊天、说笑。
13. 如果家中来了客人，只要不是找我的，我总是想法避开，不与之打招呼。
14. 即使在深夜，我也不怕一个人走山路。
15. 我一直喜欢自己单独完成工作任务，不愿与人合作。
16. 我对通宵工作没有任何不满和抱怨，只要工作需要。
17. 我对季节变化比别人敏感，总是冬怕冷夏怕热。
18. 在任何公开发言的场合，我都能很好地发挥。
19. 每当自己的生活环境发生变化，我总是感到身体不适，闹些小病，如发烧、咳嗽等。
20. 到一个新的环境工作、生活时，周围再大的变化对我也不会有影响。

评分标准

题号为单数的题目评分标准为：A 记 1 分；B 记 2 分；C 记 3 分；D 记 4 分；E 记 5 分。

题号为双数的题目评分标准为：A 记 5 分；B 记 4 分；C 记 3 分；D 记 2 分；

E 记 1 分。

将各项得分相加，即为该测试总得分。

测试结果

20～51分：你的社会适应能力很差，不太适应现在的生活节奏和周围环境的变化，对于改变，你总是充满恐慌，缺乏主动适应环境的积极性。

52～68分：你的适应能力一般，还有待提高，你完全有能力以更高的热情、更积极的态度主动适应身边的人和事。

69～100分：你有很强的适应能力，无论是自然界的变化，还是工作、环境的变化，你都能应对自如。

心理视点

　　社会适应是指个体逐步接受现存社会的生活方式、道德规范和行为准则的过程。它对个体生活具有重要意义。社会适应能力主要由社会认知、社会态度、社会动机、社会情感、社会交往能力等构成。社会适应能力具体包括以下几种能力。

　　(1) 说话的能力。说话，是体现个人能力的重要手段。话说得好能给人留下良好的印象，为自己的成功提供更多的途径和更好的保障。

　　(2) 人际交往能力。有些人以自我为中心，在与他人交往时，往往"严以律人，宽以待己"。此举极为不妥。是否具有良好的人际交往能力，可准确体现你的文明礼貌程度及综合素质的高低。

　　(3) 适应环境的能力。学生生活中对环境的适应能力直接影响其学习成绩的好坏；在职业生涯中直接影响工作的业绩、收入的多少，等等。

　　(4) 自我调控能力。能正确认识自己，对自己的行为有自我约束力。要学会自我教育、自我管理、自我调控的本事。

　　(5) 协调合作能力。良好竞争需要合作，合作是为了营造更健康的竞争。为此，必须具有良好的协调合作能力。

　　(6) 终身学习的能力。现代社会，日新月异，而要跟上社会的发展，就要树立终身学习的理念和能力，只有不断地学习，不断地充电，才能适应日益激烈的竞争环境，才能更好地做好本职工作。

你有很强的应变能力吗

测试导语

生活中的突发事件实在太多了，往往让人措手不及，这需要我们具备良好的应变能力。当然，若是应变太快，就成了"见风使舵"了。不知道你是不是能面对紧急状态也从容不迫、游刃有余呢？

来试试下面这个测试吧。

测试导语

1. 乘公共汽车时，车上人很挤，一个小偷在你的口袋里行窃，这时你会：
   A. 不大可能察觉到，等到用钱时才发现被窃，至于时间、地点已没印象
   B. 立即察觉，并将小偷抓住
   C. 当时没察觉，事后才回忆起被窃时的部分情景

2. 你骑车急驶到拐弯的地方，突然看到前面有一个小伙子也急驶而来。这时你会：
   A. 急忙提醒对方，并尽快刹车
   B. 还没搞清怎么回事就撞上去了
   C. 迅速调整方向，避开对方

3. 平时你身体挺好，但是在体检时医生告诉你身上某个部位需要动手术，听到这个消息后，你会：
   A. 终日提心吊胆，惶恐不安，担心手术会出问题
   B. 相信医生，相信手术不会出错
   C. 听天由命

4. 你在一条僻静的街道上散步，忽然听到一声震耳欲聋的巨响，这时你：
   A. 被吓了一跳，但是很快转向巨响的位置，判断出发生巨响的原因
   B. 被吓得尖叫一声，本能地转向巨响传来的方位，即使判断出了巨响的原因，心里还在怦怦乱跳
   C. 被吓得边叫边跳，不由自主地东张西望，心里怦怦乱跳，两脚发软

5. 你在工厂里忙着工作，突然发现一位同事触电了，这时你会：
   A. 两眼发呆，两脚发软

B.立即切断电源
C.慌了手脚，不知如何是好

6.你在电影和电视中看到日本侵略军砍杀中国老百姓的情景时，你会：
A.有点儿震惊，但并不害怕
B.感到害怕，赶快把目光转开
C.很注意，想仔细看个究竟

7.假日里家人叫你杀一只活蹦乱跳的鸡，你敢把鸡杀死吗？
A.敢
B.不一定
C.不敢

8.你到朋友家去串门，发现朋友家发生了一件不幸的事。他们全家都沉浸在悲痛之中，这时你会：
A.尽快向邻居或朋友本人简单了解一下事情发生的大概情况，安慰并帮助朋友
B.说几句安慰的话，不知怎么办才好
C.什么都说不出来，也不知怎么办，或和朋友一起悲痛

9．你正在聚精会神地考虑一件意外事情的对策时，突然有人来告诉你一件与手头上这件事毫无关系的事情，这时你会：
A.只记往其中的一部分
B.顾不得听他讲，没印象
C.记得清清楚楚

10.你下班回家途中，看见马路对面发生了一起车祸。这时你会：
A.很快穿过马路，看是否能帮上忙
B.有点儿害怕，但还是走过去看个究竟
C.看到这场面心惊肉跳，甚至不敢多看一眼，马上离开了

 评分标准

题号 选项	1	2	3	4	5	6	7	8	9	10
A	5	3	5	1	5	3	1	1	3	1
B	1	5	1	3	1	5	3	3	5	3
C	3	1	3	5	3	1	5	5	1	5

测试结果

10~18分：应变能力强。你有胆识、果断、灵活，处理意外事件的能力很强。

19~38分：有一定的应变能力。你对一般的事故有一定的应急能力，但是对于较大或特别的事故的处理就未必能让人称道了。

39~50分：应变能力急需提高。今后处事时你一定要学会冷静。在冷静的前提下才能解决一系列问题，从而做到避免更大的损失。

 心理视点

我们每个人的应变能力可能不尽相同，造成这种差异的主要原因，一方面可能有先天的因素，如多血质的人比黏液质的人应变能力高些。也可能有后天的因素，如长期从事紧张工作的人比工作安逸的人应变能力高些。因此应变能力也是可以通过某种方法加以培养的。

对于应变能力高的人，要正确地选择职业，将自己的能力服务于社会；而对于应变能力低的人，在注意选择适合自己职业的同时，还要努力进行应变能力的培养。

我们可以从以下几点入手：

(1) 多参加富有挑战性的活动。在实践活动中，我们必然会遇到各种各样的问题和实际的困难，努力去解决问题和克服困难的过程，就是增强人的应变能力的过程。

(2) 扩大个人的交往范围。无论家庭、学校还是小团体，都是社会的一个缩影，在这些相对较小的范围内，我们可能会遇到各种需要应变能力才能解决的问题。只有提高自己在较小范围内的应变能力，才能推而广之，应付更为复杂的社会问题。实际上，扩大自己的交往范围，也是一个不断实践的过程。

(3) 加强自身的修养。应变能力高的人往往能够在复杂的环境中沉着应战，而不是莽撞行事。在工作、学习和日常生活中，遇事要沉着冷静，学会自我检查、自我监督、自我鼓励，这有助于培养良好的应变能力。

(4) 注意改变不良的习惯。假如我们遇事总是迟疑不决、优柔寡断，就要主动地锻炼自己分析问题的能力，迅速做出决定。假如我们总是因循守旧，半途而废，那就要从小事做起，努力控制自己，不达目标不罢休。只要下决心锻炼，我们的应变能力是会不断增强的。

你处世够精明吗

 测试导语

面对复杂世事,你能合理合情地处理问题吗?你能找到最经济、最佳的解决方案吗?通过下面的测试,你就可以了解自己的精明度,请选择适合你的答案。

 测试开始

1. 最近因为很少运动,你开始有点发胖。但又因为工作非常忙,你根本没有去运动场的时间。你会怎么办呢?
   A. 决定不使用电梯或者自动扶梯,而是爬楼梯
   B. 暂且买个哑铃之类的运动器材回来锻炼
   C. 只要是能够步行去的路程,就不会使用交通工具
   D. 计算食物的热量,减少进食量

2. 小时候,你会怎么处理第二天要穿的衣服?
   A. 将睡衣换成第二天要穿的衣服,穿着睡觉
   B. 头一天决定好穿什么衣服,准备好放在枕头边,然后睡觉
   C. 早上起来后再考虑决定穿什么衣服
   D. 头一天决定好穿什么衣服,第二天早上起来之后再准备

3. 下列四句话,你最能产生共鸣的是哪一个?
   A. 知难行易,事情并不都像想象的那么难
   B. 把握当下,明天再说明天的话
   C. 未雨绸缪,有备无患
   D. 好的开始是成功的一半

4. 你决定跟朋友一起去旅行。在决定了去哪个地方旅游之后,接下来你会做什么呢?
   A. 列一个要带回来的土特产清单
   B. 做出旅行预算
   C. 决定日程安排
   D. 购买旅行用品

5. 没有提前通知,突然给你增加了工作量,你会如何处理这件事情呢?

A．不管怎样，一件一件事情开始着手干
B．先从看起来很简单的事情开始处理
C．将几项工作任务拜托给其他人帮忙处理
D．暂时放下手头的工作，先去制定一个工作进度计划表，然后再开始工作

6．在下面几个选项中，你最讨厌的是哪一种类型的人呢？
A．不通情理的人
B．非常精明的人
C．喜欢捏造事实的人
D．反应迟钝的人

评分标准

选项\得分 题号	1	2	3	4	5	6
A	1	3	1	1	1	4
B	2	4	2	4	2	1
C	3	1	3	3	3	2
D	4	2	4	2	4	3

测试结果

7分以下：做事随意，不善谋划，距离精明还很远。

做事缺乏计划性的你，还称不上精明。是不是不管做什么事都相当费时间呢？这大概是因为你什么都不考虑就开始进行工作的缘故吧。所谓的精明，来源于事前周密的考虑。为了让事情顺利推进，首先订立一个详细的计划表是很重要的。这样即使一开始落后，最终依然能够按照原定计划完成所有的任务。尝试在开始工作之前，按捺住急躁的性子，不慌不忙地制订好计划，再将其付诸实施。

8～14分：偏离常规，你有些自以为是的小聪明。

你很聪明，分析问题也头头是道。但你不愿墨守成规的性格，让你常常自以为是地耍些小聪明。实际上，你的精明有时的确能够减少做无用功的情况。但值得注意的是，有些工作是必须按照既定程序处理的。这些已有的流程，通常都是前人宝贵经验的总结，总有它的合理性。你要在吸取他人经验的基础上，发挥自己精明的特点。

15～20分：精打细算，你的精明写在脸上。

你善于精打细算，是那种讨厌浪费、反对做无用功的人。但有时，你的精明也会稍稍给人一种过于算计、很小气的感觉。尽量避免过于计较自己的

得失，在小事上不要过分计较。

另外，平常脑子转得很快、一向机灵聪明的你，一旦陷入被动的窘境，脑子似乎就不会转了，考虑问题也变得迟钝。在这个时候要注意冷静，找到合理的工作程序。

21分以上：你精明能干，又不失圆融通达。

你处事灵活，脑子转得快，是个非常精明的人。通常说一个人很精明的时候，就容易被人联想到"会算计"、"很小气"。但你似乎很少被人这样认为。这是因为你处事很会变通，不会机械地考虑问题，能够顾及周围人的想法。你充分了解团队合作精神的重要性，即使认识到某种安排的合理性，你也会先征求其他人的意见，让你的精明打算得到大家的一致认可。像这样建立在与众人步调一致基础上的精明，是非常可贵的。

心理视点

一般来说，精明度可细分为四种。
(1) 大事小事都精明。
(2) 大事精明，小事糊涂。
(3) 小事精明，大事糊涂。
(4) 大事小事都糊涂。

精明是人的优点，但是过分精明则是人的缺点，因为他将精明推到了一个极端。一般来说以下这样精明是受人欢迎的。

聪明能干、做事干练、办事有效率，但又不损害他人利益的精明，受人欢迎。

处理关系圆滑，能看得到"关键"之所在，在困难的时候能调动一切积极因素，从而化险为夷，安然渡过难关。这种人的精明，也肯定受人欢迎。

从不用自己的语言向他人显示自己的睿智，也从不掩饰自己的缺点，他们总是用自己的行为来表达其积极进取的精神，用丰硕的成果来显示他们的智慧，这种人的精明，会受到欢迎。

你的危机意识有多强

测试导语

未来是不可预测的，而人也不是天天能走好运的。正是因为这样，我们才会有危机意识，在心理上及实际行为上有所准备，好应付突如其来的变化。那么你有危机意识吗？下面的测试可以帮助你了解自己。

 测试开始

一头乳牛正从牛舍里出来吃草，请你凭直觉判断，它将走至下面哪一处觅食？

A．山脚下
B．大树下
C．河流旁
D．栅栏农舍旁

 测试结果

选A：你的危机意识很强，甚至有点杞人忧天。也许很容易的事，被你天天惦念着，久而久之也变成困难了。放开心胸，天塌下来还有高个子顶着！

选B：你是属于高唱"快乐得不得了"的人，一天到晚无忧无虑，你认为"船到桥头自然直"，没啥好怕的。唉，如此乐天知命，天底下恐怕像你这么乐观的人已经不多了。

选C：你有点"秀逗"！成天迷迷糊糊的，记性又不好，总是要人家提醒你才会有危机意识，但是一会儿之后，又完全不记得危机意识是什么东西了！

选D：你的确挺有危机意识的，连跟你在一块儿的人也被你强迫拥有"危机意识"，不过你所担心的事的确有点担心的价值！也就是说，你不是没事瞎紧张，反而常常未雨绸缪！

 心理视点

先估计好自己将会遇到的危机，找到解决它的办法，当你真的遇到危机的时候，困难就会大大降低。那么应该如何把危机意识落实到日常生活中去呢？第一，应落实在心理上，也就是心理要随时有接受、应付突发状况的准备。这是心理建设，有了心理准备，到时就不会慌了手脚。第二，就是在生活、工作和人际方面要有以下认识和准备：人有旦夕祸福，如果有意外的变化，自己的日子怎么过，要如何解决困难。世界上没有绝对的事，未雨绸缪是非常重要的。

你处理问题的能力如何

 测试导语

处理问题能力的高低关系着一个人工作质量的好坏。本测试可为判断一个人问题处理能力的高低提供依据。

 测试开始

1. 你书房里的书由于水管漏水被浸湿了：
A. 你非常不快，不停地抱怨
B. 你想借此不交物业费，并写了批评信
C. 你自己擦洗、清理、烤晒图书，并修理水管

2. 在节假日里，你和爱人总会为去看望谁的父母而发生争执吗？
A. 你认为最好的办法就是谁的父母都不去看望，以减少麻烦
B. 订个计划，这次看望爱人的父母，下次看望你的父母，轮流看望
C. 决定在重要的节假日里，和你的家人团聚，而在其他节假日里与爱人的家人共度

3. 某个朋友要结婚了，如果你去参加婚礼，你当然得送红包，这时：
A. 事先对对方说你有事不能参加，事实上你并没有什么事情，你只是为了不送红包
B. 对那些你认为重要的朋友，如可给你带来生意上的帮助的人，你才愿意参加
C. 你不送红包，但经常收集一些小的或比较奇特的礼物来应付朋友结婚这类事情

4. 当你感觉身体不舒服时：
A. 你会拖延着不去就诊，认为慢慢会好的
B. 自己诊断一下，去药房买药
C. 把这种情况及时告诉家人，然后去医院检查

5. 生活中的各种压力使你和家人变得容易发怒时：
A. 你会向朋友倾诉
B. 你设法避免和家人争吵

C. 你和家人一起讨论，研究解决的办法

6. 你的亲友在事故中受了重伤，你得知消息时：
A. 失声痛哭，不知该如何是好
B. 叫来医生，要求服镇静剂来度过以后的几小时
C. 抑制自己的感情，因为你还要告诉其他亲友

7. 你的能力得到承认，并得到了承担一份重要工作的机会：
A. 你会放弃这个机会，因为这项工作的要求太高
B. 你怀疑自己能否承担起这项工作
C. 你仔细分析这项工作的要求，做好准备设法把它做好

8. 一位好朋友将要结婚了，在你看来，他们的结合不会幸福：
A. 你会认真地规劝那位朋友，请他慎重考虑
B. 努力说服你自己，让自己相信时间会让朋友改变计划
C. 你不着急，因为你相信一切都会好起来

9. 当你和别人发生纠纷，不得不去法庭诉讼时：
A. 你会因为焦虑和不安而失眠
B. 你不去想这件事，出庭时再设法应付
C. 你把这件事看得很平常

10. 当你和邻居发生争执，却没有争出结果时：
A. 你借酒浇愁，想把这件不快的事忘掉
B. 请教律师如何与邻居打官司
C. 外出散步或消遣，以平息心中的愤怒

评分标准

选择 A 计 1 分，B 计 2 分，C 计 3 分，最后汇总得分。

测式结果

15 分以下：说明解决问题的能力较差。

15～25 分：说明解决问题能力一般，有时做事较迟疑。

25 分以上：说明处理问题的能力很强。

> **心理视点**
>
> 　　要提升处理复杂问题的能力，应该注意把握以下三个要点：
> 　　(1) 对复杂问题要有正确的认识。有的人在遇到复杂问题的时候，总是习惯于认为它很难解决。实际上并不是所有的复杂问题都难以解决，也并不是所有难以解决的问题都是复杂问题。对复杂问题要有正确的认识。否则，就会给自身增加心理压力，从而影响问题的解决。因此，我们在遇到复杂问题时，不仅要看到它的复杂性，看到它的难度，更要看到在它那复杂性的表层下所具有的简单性本质。
> 　　(2) 要抓住复杂问题的本质。任何复杂问题都有其本质特征，有其内在规律，抓住了复杂问题的本质，按照客观规律办事，复杂的问题就会迎刃而解了。
> 　　(3) 要学会复杂问题简单操作。"复杂"与"简单"是两个相对的哲学概念。认识这两个概念，应该具有辩证思维。复杂问题解决起来未必就困难，简单问题解决起来也不一定就容易。因此，面对复杂问题，我们应该善于运用简单性思维，学会复杂问题简单操作。这种"简单"，并非是把问题简单化，而是揭开问题复杂性的外衣，或由繁入简，或删繁就简，直击问题的本质。

你对新事物充满好奇与渴望吗

测试导语

　　有人说，人生是在好奇与渴望中度过的，那是因为我们都具有对新鲜事物的追求和对生活的充分体验、享受。好奇是上进的表现，渴望是生活的动力。不要放过每一次的好奇与渴望心理，测测它们在你人生中占多大比重。

测试开始

1. 你打算做一个书架，可又从未用过钻子，你：
   A. 雇佣其他人
   B. 求助于朋友或技术手册
   C. 买回材料自己试着做

2. 你走进一家妇女时装店，结果却发现店里只有几件衣服，而且衣服上

都没有价目标签,于是你:

　　A.转身出去

　　B.举止自然,并问是否有你这么大号的衣服

　　C.为避免尴尬,看一下陈列的衣服,然后离开

　3.如果你做的某一项工作需要根据某一公式重复计算20次,并且有一台计算机可供你使用,而你又从未使用过计算机,这时你会:

　　A.请教某人或查计算机使用手册,在计算机上把结果计算出来

　　B.仍旧愿意多花点时间,用手重复计算

　　C.请别人上机代你算出来

　4.你的新老板让你去做一件你从未做过的事,你会:

　　A.说"可以,不过我需要帮助"

　　B.有礼貌地拒绝了,因为它超出了你的能力范围

　　C.埋头到这项工作里,尽量把它干好

　5.在迪斯科舞会上,别人在跳一种你不会跳的舞,你会:

　　A.站起来,学着跳

　　B.看着别人跳,直到改奏慢节拍的舞曲

　　C.请一位朋友私下里教你这种新舞步

　6.你身处异地,对其方言只知只言片语,于是你会:

　　A.只用有把握的词句

　　B.讲普通话,因为你还不能够熟练地使用当地的方言

　　C.尽可能多地使用它,相信人们都是友好的

　7.街上流行一种很时髦的服装,你会:

　　A.仍旧穿以前的衣服,觉得穿新衣服很不自在

　　B.立即买一套穿上

　　C.观望一段时间,如果周围的同事都买了,才去买一套

　8.你出席一次你不甚了解的研讨会,你会:

　　A.提出许多问题

　　B.假装能领会别人的意思

　　C.会后查一下不懂的地方

　9.和朋友去一家西餐厅吃饭,你想用刀叉吃,可又不会,于是你:

　　A.在看明白别人怎样用刀叉时才拿起刀叉

　　B.仍旧使用筷子或勺子

　　C.在别人不知道的情况下请教服务员

10. 公司办公室里安装了一台新的电脑，你会：
A．尽量避免使用它
B．很愿意使用它
C．向别人请教它是怎样工作的

评分标准

题号 选项　得分	1	2	3	4	5	6	7	8	9	10
A	0	0	10	5	10	5	0	10	5	0
B	5	10	0	0	0	0	10	0	0	10
C	10	5	5	10	5	10	5	5	10	5

测试结果

　　40分以下：在新事物面前畏缩不前。你会轻易地被从未尝试过的事物征服或吓倒。可能你认为别人总希望你的表现能像专业人员那样令人满意，或者可能是对你自己期望值过高。不管怎样，当你下次再犹豫不定时，不要再急着返回熟悉的领域里，而应该鼓励自己尝试新的东西。

　　40~69分：对新事物的追求有些谨慎。你最终会熟悉新环境，会对新事物充满追求与渴望，但这通常需要时间。谨慎虽然是件好事，但它却妨碍你发现自己真正的能力。所以不妨抓住机会尝试一下，你可能会得到意想不到的结果。

　　70~100分：对新事物充满好奇与渴望。对于你，"新"和"挑战"同义。你愿意尝试任何事，这说明你的自信心用到了地方。但是这种凡事皆试的唯一问题是，你可能会做得过分。有时承认自己对某些事不了解而要寻求帮助也是很有益处的。敢于尝试使你前进，但不要做得过分。

心理视点

　　每个人都希望自己所做的事情可以成功，而如果我们已经知道如何才能把事情做好时就比较容易成功。但是限定自己只做我们擅长的事将会使我们错过许多发展其他兴趣和技能的机会。因此，尝试新事物对我们是有益处的。

　　事物总在不断地发展变化，新事物总是不断涌现，新事物代表了时代的发展、社会的进步。我们要勇敢地去面对和接受，并把它真正地运用到我们生活中去。如果不能接受新事物，不去获取新的知识，那就可能被社会所淘汰；所以我们要用一颗勇于接受和追求新事物的心去创造多彩人生！

第十一章
你能否成为明天的卓越管理者
——洞悉你的管理能力

你是一个什么样的管理者

测试导语

作为一名企业的管理者,你了解自己的领导风格吗?是独断专行,还是民主谦和,或是被动无主型?做一做下面的测试就知道。

测试开始

你的下属 Amy 新上任,没过多久,你发觉她工作不力,喜欢搬弄是非,令同事之间互相猜忌。考虑过后,你决定把她解雇。你会:
  A. 以温和的语气和外交辞令向她解释,她实在不适合在公司工作
  B. 叫助手告诉她已被解雇
  C. 把她解雇,然后安抚下属,叫他们安心工作
  D. 叫她进办公室,然后直接把她辞退

测试结果

　　A. 民主式的领导风格:你和属下之间相当友善。每次要使用权力时就

犹豫不决，虽然能顾及下属的自尊和士气，人人工作愉快，但是你所在部门的工作效率肯定不是全公司最高的。

B．被动的领导风格：你逃避面前的困难。虽然这种作风并非完全没有效，但如果要成功地采用这种领导方式，你的助手必须十分精明干练。

C．队长风格：一方面你懂得在适当的时候运用权力，尽量和下属保持合作，另一方面又能提高士气，极尽关怀，令每位下属都觉得自己是队伍中的一分子。

D．独裁的领导风格：你不能忍受别人犯错，一经指示便希望别人一丝不苟地把工作做到最好。这是一种传统的管理方法，但是在讲究人性化管理的今天已较少有人延用，因为这类管理者很少受人爱戴。

心理视点

领导的定义是：在一个群体中，占据了统治、权威和影响力位置的那个人。在心理学中，领导也指拥有这些成为领导所必需的素质的人。

成为一名成功的领导所需要的品质有很多，而成功领导的行为在很大程度上依赖于领导风格的类型。因此，关于何种性格类型能构成优秀的领导才能的问题，没有什么不可违逆的原则。例如，作为军队的高级领导必须同时具有组织能力和激励士兵的能力，这同样适用于工业背景下的许多领导。

你是个知人善任的管理者吗

测试导语

领导者除了要具备识人、管人的能力外，还要具有用人的能力。可以说，拥有任何一种学问，只能利用少量的资源；而学会用人，却可以利用万物，甚至掌握这个世界。而你是否具备用人的能力呢？以下测试将告诉你答案。

请根据不同的情况，选择你认为最合适的答案。

 测试开始

1. 作为一个超市经理，你应当给新雇员米琪指派怎样的工作任务？
   A. 最广泛地面向超市各个方面的工作
   B. 尽量与大家在一起，以确保多方面地学习
   C. 这项工作提供取得具体成果的机会

2. 马丽是一个没有经验的、刚开始工作的会计，你认为应该给她安排什么工作？
   A. 准备财务比较报告
   B. 阐释财务报告
   C. 核对、检查小额现金单据
   D. 不安排任何工作，先学习

3. 你在一家大型家具公司生产部门，刚被任命为一个新组建的 4 人改造项目组负责人，你有 6 个月的时间去完成某项具体的任务。这个工作并非不可能完成的任务，但它要求采取迅速和果断的行动。3 个人被分配到你的组里，他们有的态度热情，有的却漠不关心。尽管你的主管已告诉过你，如果需要，你可以将某人调离团队，但是你作为项目负责人的头一件工作，是同每一个人交谈，激发他们的积极性，以达到团队的目标。

   你谈话的第一个对象是安，她对这个项目表现得非常兴奋，并盼望着马上开始工作。她在公司里提升得很快，并把这个项目视为进一步证明其能力的机会。当你问她对紧迫的限期有何感想时，她说："我想我们能做得到，但大家必须齐心协力，同舟共济。我知道自己已做好准备，也真的盼望着有机会做出一些有益的贡献。"你对此做出反应，说：
   A. "谢谢你的投入。在一个项目中，有这样的热情参与总是好的。但是，请记住，在这一点上，我们所有人都是团队的一员，我们必须团结协作，必须警惕个人出风头的诱惑。"
   B. "谢谢你的投入。我将在本周的某个时候告诉你，你将担任什么样的角色。"
   C. "谢谢你的投入。在一个项目中，有这样的热情参与总是好的。我希望在未来的工作中，你将发挥一份重要的作用。"

4. 你会见的第二个人是鲍伯，他对项目表现出适度的热情，但似乎对期限有些担心。他一直是一位办事可靠、值得信赖的人。但他从不是一颗耀眼的明星或是一个真正的冒险家。当你问他对紧迫的限期有何感想时，他说："我的确喜欢这一任务。但我担心我们可能没有足够的时间做好它。我也没有把握我们是否有所需的资源可供利用。但是，你知道，安对此确实有一手的。"

你对此做出反应,说:

A."哦,这是一个值得注意的担忧,但我认为你实在没有这个担心的必要。我们的一切都置于控制之下,我深信我们团队将会干得很好,会有更大的发展。我知道安和我想得一样,你何不在我们召开首次全体会议之前,与她谈谈并了解她对这些问题的反应呢?"

B."我理解你的担忧,但我很高兴你喜欢这个任务。我打赌,如果你和安作为团队的核心一起协同工作,我们会如愿以偿的。"

C."感谢你的分析和投入。不幸的是,我们大家都被这个最后限期和资源问题困住了。我希望我能够做点什么来解决它,但你知道,那些高高在上的家伙只给我们他们认为必要的东西,而不是真正必要的东西。"

5.你会见的第三个人是拉尔夫,他是一个把"事不关己,高高挂起"奉为生活准则的人,他的习惯动作是耸肩膀,他的口头禅是:"谁知道?谁在乎?"他对这个项目漠不关心,看起来也不想为它付出任何精力。当你询问他对你们大家都面临的紧迫限期有何感想时,他说:"呵呵,我不知道。我觉得在这样短的时间内,很难完成这个项目。"你对此做出反应,说:

A."我能理解你的担心。你与鲍伯和安一道工作,他们都非常乐观,我想我们该与团队一起弄清楚我们的担心,并准备一个行动方案。我们需要非常紧密地一起工作,利用我们团队的潜在优势,达到这一目标。在这里,它当然对我们大家都是重要的。"

B."我能理解你的担心。你为什么不去见见鲍伯和安,让他们给你解释解释?告诉他们你的担心,听听他们的意见。他们正准备采取行动,会给你指出正确的方向。"

C."我知道你很多的保留意见。你为什么不将你意见一件件地说给我听,我们可以看看哪一件是重点。"

6.你是个从普通职工提升起来的经理,你工作繁忙,同时你的部门有一系列复杂的日常事务,你知道自己比手下任何人都更胜任这些事务,那么,你会:

A.还是由自己做最妥当

B.把这些事务派给几个下属去做

C.自己做一部分,让下属做一部分

7.激励员工应当采取奖赏而不是惩罚的方法,主要原因是:

A.没有人喜欢受到惩罚

B.奖赏常常使人热切地参与合作

C.从长远看惩罚常常没有太大效果

D. 惩罚从来不能严厉到足以产生很大作用的程度

8. 一个部门经理应当意识到通常最好不要：
A. 给直接下属委派特定而明确的职责
B. 授权给所有职责已经分派好的部门
C. 使一个下属对一个以上的主管负责
D. 检查任务的进展情况

9. 在进行大规模的变革时，如果有一批人不愿意参与进来，你最好的行动方针是：
A. 尽力让他们都参与。否则，他们会使你的变革脱离轨道
B. 把他们和那些在变革中充当先锋的人隔离开来，尽量将他们清除出现在的机构
C. 给他们提供参与的机会，但不要花太大力气，把精力集中在态度积极的人身上

10. 一个高级部门主管授权给一个低级部门主管的首要原因是：
A. 使高级主管有时间和精力去做更重要的工作
B. 给这个低级主管提供一个晋升的机会
C. 看看这个低级主管能不能找到新的或更好的完成任务的方法

评分标准

参考答案：

1. C 2. C 3. C 4. B 5. A 6. B 7. B 8. C 9. C 10. A

对照上述答案，每答对一题得1分，计算你的总分。

测试结果

0～5分：你的用人能力较差，除非你不在职场中，否则，你只能是被管理者，而不能成为管理者。因为你不具备优秀领导者的用人能力。其实作为被管理者也是有好处的，因为，全是将军没有士兵是不可能的，而且你在团队中可以向优秀的领导者多多学习，在生活中多多提高自己的素质。"笨鸟先飞"，只要你肯努力，机会总会有的。

6～8分：说明你具备一定的用人能力，不过你还不具备优秀领导者用人的素质，要想使自己未来职场开拓的前景更加广阔，你要努力提高自己的用人能力，有备而无患，这将更有利于你未来的发展。

9～10分：说明你具备较强的用人能力，如果你是领导者，你能知人善任，充分授权，把握好用人的尺度，同时也能处理好所用者在工作中出现的一些

具体问题。你具备领导者的素质,希望你继续努力。

心理视点

一个管理者各方面的才能,并不一定都要高于下属,但用人方面的才能却要出类拔萃。知人善任,活用人、巧用人、用好每一个人,这是管理者成功的一个关键因素。掌握用人之道,可以从以下几个方面入手。

慧眼识才,悉心育才;不拘一格,知人善任;合理授权,指挥若定;恩威并施,赏罚分明;以身作则,树立威信;放下身段,关心下属;晓之以理,动之以情,疑人也用,用人也疑;容人之短,用人之长;集合众智,无往不利。

你具备做领导的潜质吗

测试导语

当领导不仅要有管理者的素质,还要有"荣华富贵如浮云"的心态,"天塌地陷心自若"的风度,这些你都具备了吗?用"是"或"否"回答。

测试开始

1. 你经常让对方觉得不如你或比你差劲吗?
2. 你习惯于坦白自己的想法,而不考虑后果吗?
3. 你不喜欢标新立异吗?
4. 为了避免与人发生争执,即使你是对的,你也不愿发表意见吗?
5. 开车或坐车时,你曾经咒骂别的驾驶者吗?
6. 你总是让别人替你做重要的事吗?
7. 你遵守一般的法规吗?
8. 如果工作没有做好,你会有强烈的反应吗?
9. 与人争论时,你总爱争胜吗?
10. 你永远走在时尚的前列吗?
11. 别人拜托你帮忙,你很少拒绝吗?
12. 你是个不轻易忍受别人的人吗?

13. 你故意在穿着上吸引他人的注意吗?
14. 如果有人嘲笑你身上的衣服,你还会再穿它吗?
15. 你曾经穿那种好看却不舒服的衣服吗?
16. 你经常对人发誓吗?
17. 你曾经大力批评电视上的言论吗?
18. 你经常向别人说抱歉吗?
19. 你对反应较慢的人缺乏耐心吗?
20. 你喜欢将钱花在消费上,而胜过于个人成长吗?

评分标准

答"是"得1分,答"否"得0分。最后汇总得分。

测试结果

14~20分:你是个标准的跟随者,不适合领导别人。你喜欢被动地听人指挥。在紧急的情况下,你多半不会主动出头带领群众,但你很愿意跟大家配合。

7~13分:你是个介于领导者和跟随者之间的人。你可以随时带头,或指挥别人该怎么做。不过,因为你的个性不够积极,冲劲不足,所以常常是扮演跟随者的角色。

6分以下:你是个天生的领导者。你的个性很强,不愿接受别人的指挥。你喜欢使唤别人,如果别人不愿听从你的话,你就会变得很暴躁。

心理视点

　　有一些人担心自己不够资格担任"领导人"。这可能是他们过分相信领导能力是天生的这种说法。在我们的周围,的确有不少人有这种的想法。
　　但是,我们要知道95%的领导能力都是靠后天努力培养出来的。你必须要确信:每一个人都拥有许多尚未开发出来的领导潜能。同时,百分之百相信:绝大部分的领导能力,都可以通过持续性的学习、训练和实践逐渐养成。如果你有了以上的想法和信念,就说明,你身上已经拥有成为一位杰出领导者的基本素质了。

你具备亲和力吗

测试导语

亲和力是一个领导者的必备素质,是领导与员工的黏合剂,要想让员工忠诚于你,把你的事业当作自己的事业去努力拼搏,就要善于与员工打成一片,真正融入员工中去。不但要关心组织内部的具体工作,而且要将员工视为主人翁。要想知道你是否具备亲和力,那就赶快测试一下吧。

测试开始

1. 近期工作很多,你的下属却在此时提出请假,而且是因为私人的事情(对他来说很重要)。你会怎么做呢?
   A. 由于工作太忙,不予批准
   B. 告诉他你很想帮助他,但现在实在是太忙了
   C. 给他一定的时间,让他安心处理好事情,并尽可能给予帮助

2. 假如你是刚上任的部门经理,你会怎样处理与下属的关系?
   A. 公是公、私是私,不与下属有过多私人交往
   B. 新官上任三把火,对下属严格要求树立自己的威信
   C. 主动与下属交朋友,参加集体活动

3. 作为经理,在实施重要计划之前,你认为:
   A. 先取得下属赞同
   B. 自己要有魄力决定一切
   C. 应该由下属决定一切

4. 你对下属的看法是:
   A. 对能力较差的下属应多监督
   B. 应亲近能力较强的下属
   C. 应以平等的态度对待每一名下属

5. 如果你是位经理,你的下属大卫生病请假了,你会怎么做呢?
   A. 利用业余时间去照顾他,希望他早日康复
   B. 打个电话问候一下
   C. 一听说他生病了就去看他

6. 你是经理，一位下属向你献上有关提高效率的建议，他的建议是你过去已想过并打算实施的，那么，下面哪种方法较好？
　　A．告诉他你真实的想法，但也对他给予充分的肯定
　　B．闭口不提你以前的想法，只先赞扬他的建议
　　C．告诉他这是自己早就想到的，并且正准备实施

7. 你是经理，你的下属在工作中出了错误，而且给公司带来了很大的损失，公司上层准备严肃处理，此时，你会怎么办？
　　A．让下属认识事情的严重性，让他作自我检讨
　　B．安慰犯错的下属，告诉他谁都可能犯错
　　C．与下属一起思过，主动与下属一起承担责任

8. 你希望一位执拗的同事按你的建议去做，你会怎么办？
　　A．尽量使他认识到你的建议至少有一部分出自他的头脑
　　B．尽量找出他建议中的问题让他主动放弃
　　C．说出自己建议的优点让他接受

9. 假设你是鞋店老板，有位女士来你店中买鞋，由于她右足略大于左足，总也找不到她能穿的鞋，你觉得应该如何解释，你将如何措辞？
　　A．"女士，你的右脚比左脚大。"
　　B．"女士，你的左脚比右脚小。"
　　C．"女士，你的两只脚不一样大。"

10. 关于对下属进行赞扬或批评，你的看法是：
　　A．对犯错的下属要严厉批评，以免重蹈覆辙
　　B．经常赞美下属，使他们积极地工作
　　C．慎用赞美，以免下属过于骄傲自满

评分标准

参考答案：
1．C　2．C　3．A　4．C　5．B　6．A　7．C　8．A　9．B　10．B
根据答案计算出你答对题目的总数。

测试结果

6题以下：说明你的亲和力较差，你缺乏领导者的素质，现在不应做成为领导者的美梦，应该在生活中、工作中多多培养自己的亲和力，与人为善、平易近人，都应是你的座右铭。

6～8题：说明你的亲和力一般，你也许能成为领导者，可你不会是一个优秀的领导者。但也不必气馁，在工作中你应与同事打成一片，和他们建立深厚的友谊，只要拥有深厚的友谊，谁又能说你不具备亲和力呢？

8题以上：说明你具有较强的亲和力，如果你成为领导者，你会注意与下属交往时的话语，你关心下属、勇于承担责任，你会与员工之间结下浓厚的友情，在你的领导下，团队的内部气氛十分和谐。可以说，你会是一位受下属爱戴、敬仰的领导。

亲和力，在自然科学里指两种或两种以上物质结合成化合物时相互作用的力。亲和力也用于人际关系，是指一个人在面对某些人、人群或某件事上所表现出来的亲近感，以及人们对其所表现出的亲近感的认同、接受程度或保持程度。亲和力是一个人无形的魅力，亲和力在一个人的性格上具体表现为幽默、谦和、智慧、诚信等，在人际关系上表现为与人相处时的一种和谐。一种自在，一种超脱。亲和力对一个人事业的成败有着很重要作用，尤其对于领导来说，是更至关重要的。

领导者及其组织要想生存、发展，进而求得事业的成功，就必须提升自己的亲和力。

第十二章
与财富有约

——发现你的财富密码

你是理财高手吗

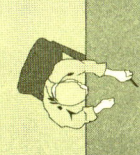 **测试导语**

理财并不是一件困难的事情，而且成功的理财还能为你创造更多的财富。如果你不学习理财，就可能面临经济上的窘迫。回答下面 15 个问题，算算你的得分，你就知道自己是不是理财高手了。

 **测试开始**

1. 你是否对自己的消费支出做事先的规划？
   A. 不会　　　　　B. 有时候　　　　C. 经常
2. 你会预留资金作为应急用吗？
   A. 不会　　　　　B. 有考虑　　　　C. 会
3. 在朋友的眼中，你是怎样的一个人？
   A. 对钱没有概念，花钱随意
   B. 有时候会去挥霍一下
   C. 花钱谨慎，精打细算

4. 你现在知道自己银行户头的存款数吗？
A．不知道　　　　　B．大约知道　　　　C．知道

5. 你经常存款吗？
A．不经常　　　　　B．有时候　　　　　C．经常

6. 到了月底，你会发现：
A．口袋空空，不知道钱花哪儿去了
B．有时候能从众多花费中省出一部分累积存款
C．每月固定存一部分

7. 当你有借贷需要时，你会：
A．直接和自己的往来银行洽谈
B．向朋友征询意见
C．比较利率及循环期，选择最佳渠道

8. 你知道目前积压的信用卡账款数吗？
A．不知道　　　　　B．大约知道　　　　C．知道

9. 你的信用卡账款：
A．一直在累计欠款中
B．有时会出现循环利息，下个月注意补上
C．通常会逐步增多

10. 当你使用信用卡时，你会：
A．购买价格较高的产品，很少考虑卡上是否有钱
B．与现金购物比较，心情放松多了
C．与用现金购物一样谨慎考虑

11. 你是否曾使信用卡超过信用额度？
A．常常如此　　　　B．有时候　　　　　C．不曾有过

12. 当一件商品十分吸引你的目光时，你会：
A．毫不犹豫地买下来
B．考虑之后还是买了下来
C．仔细盘算是否应该买下

13. 当你计划购买价格较高的产品，如电视机、冰箱等，你是否货比三家？
A．不会　　　　　　B．有时候　　　　　C．通常如此

14. 当你计划一个假期时：
A．在账单结算时，总过自己的预算
B．允许自己享受一下豪华假期

C. 会事先制定预算,在计划内消费

15. 在度假时,你是否曾有过花费超过预算的情形?
A. 常常如此　　　　　B. 有时如此　　　　　C. 不会

评分标准

统计上述问题答案,选 A 可得 1 分,选 B 可得 2 分,选 C 可得 3 分,计算你的总分。

测试结果

15~25 分:说明你是一个购物狂,应尽快开始制定预算,聪明地选择消费方式和理财方式。

26~35 分:说明你做得还不错,将自己的银行存款保持在最佳平衡状态,只是还未发现某些更高明的理财手段。建议你审视一下自己的理财规划,并试试更大胆的决策。

36~45 分:说明你是一个十足的理财高手,善于掌握财务风险,并能运用财务杠杆为自己创造财富。

心理视点

　　有很多好的做法,可以帮助我们开始自己的理财计划,以下六个要点完全可以帮助一个刚开始理财的人学会如何很好地控制其经济状况。这些规则会使你相信,从现在就开始制定一个理财计划绝对是个好主意,而且越早开始就越容易达到目标,即使是很小数目的投资都是值得的。

　　这六个理财要点是:
(1) 记录财务情况。
(2) 明确价值观和经济目标。
(3) 确定净资产。
(4) 了解收入及花销。
(5) 制定预算,并参照实施。
(6) 削减开销。

　　以上六个理财要点,可以帮助我们开始自己的理财生活。好的开始是成功的一半。长此以往坚持下去,相信你一定会实现自己的人生目标!

你能实现自己的发财梦吗

 测试导语

钱在当今社会是不可或缺的,没有钱,寸步难行。你一定无数次地梦见自己的枕边有黄金万两吧?你的黄粱美梦是终将实现呢,还是会被现实击得粉碎呢?做个测试看看吧。

 测试开始

一个垂暮的老人独自站在高楼的窗前眺望窗外繁华的街道,你猜他在看什么呢?

A.停在街道旁的名车
B.不停闪烁的红绿灯
C.热恋中的情侣
D.路旁高大茂密的树

 测试结果

选择A:财富是你毕生最大的追求。你是一个拜金主义者,总是在憧憬和渴望着幸福豪华的生活,你有很好的理财观念和能力,是个很有办法的人,为达到致富的目的,甚至不择手段。

选择B:你很少做关于钱财的白日梦。你是个规规矩矩的人,胆小而懦弱,做事谨慎,你绝对不会想到靠赌博或者买彩券一夜暴富。你要发大财很难,但是可以做一些财会工作,在这方面,你的才能和特长就能发挥出来了。你是依靠高薪致富的人,跟你一起生活会稳中有升,倒是个不错的结婚对象。

选择C:你发财的欲望不是特别强烈,也许只是停留在想想而已的层面上。因为你太乐观,所以把发财梦想得太简单,现在你要做的就是把致富的目标定得低一点,切合实际一些。你非常注重人际关系,交了许多朋友,是个标准的乐观主动的人,性格开朗、坦诚,不发财也不要紧,朋友也是一笔珍贵的财富嘛!

选择D:你总把自己的发财梦控制在最近能够实现的范围内,所以你很少惊喜也很少失望。你是个很现实的人,总是把目标定得不高不低,容易实现。

这种做法是非常可取的。这最根本的原因是你诚实,脚踏实地,不张扬、不武断,对待上司忠实而认真,是个不错的副手。

心理视点

天上永远不会掉馅饼,财富永远不会自己跑进你的钱包里,信心与智慧的力量可以将人从社会底层提升到社会上层,使穷汉变成富翁,使失败者重振雄风……欲望的力量使梦想变成现实,在获取财富的过程中欲望越强烈,成功的可能性就越大。所以,要想实现自己的发财梦必须强化创富的欲望。

你有成为亿万富翁的潜质吗

测试导语

你能成为亿万富豪吗?你具备发大财的各种潜质吗?快来测测吧!

测试开始

1. 你的工作态度是:
A. 要出人头地
B. 做得比别人好一点儿
C. 和大家差不多就行了
D. 对付对付算了

2. 好友急着借钱,你会:
A. 毫不犹豫地借给他
B. 借一部分
C. 找借口推托
D. 先答应着,然后就当什么事都没发生

3. 你对新年诺言的态度是:
A. 维持2〜3年
B. 到适当的时候就违背

C. 只能维持几天
D. 懒得去想

4. 你是否有这些经历：在农村生活；参军；换过 3 个以上职业？
A. 3 种都有
B. 有 2 种
C. 有 1 种
D. 都没有

5. 虽然你对股市不熟悉，但有可靠消息透露，某只股票将升值，你会：
A. 借钱也要去购买
B. 投入全部存款购买
C. 投入部分存款购买
D. 看看再说

6. 你的家庭经济状况是：
A. 时常拮据
B. 一般
C. 贫困
D. 富裕

7. 你的职业是：
A. 私营业主或个体工商业者
B. 农民或工人
C. 事业单位职工
D. 公司职员

8. 你要在 6 周内完成一项重要任务，你会：
A. 立即进行
B. 5 分钟后开始着手
C. 每次想动手时都有其他事分神
D. 最后期限前 30 分钟才开始进行

9. 轻松而收入高的工作好，你同意这种说法吗？
A. 完全不同意
B. 有些不同意
C. 无所谓
D. 完全同意

10. 睡梦中发生大火，你会拿着什么东西逃？
A. 钱

B. 食物
C. 衣服
D. 时钟

评分标准

以上答案选 A 得 4 分，选 B 得 3 分，选 C 得 2 分，选 D 得 1 分。

测试结果

35～40 分：你不是亿万富翁吗？太奇怪了！

25～34 分：恭喜你，你是块亿万富翁的材料！

15～24 分：伙计，挤进富翁俱乐部恐怕要费点儿劲。

15 分以下：安心过小日子算了。

心理视点

财富是一点一滴积累起来的，如何赚取第一桶金呢？
(1) 投入自己最熟悉的行业。
(2) 勤奋是成功的法宝。
(3) 善于捕捉机会，敢于冒险。

第十三章
健康是幸福的基石

——HQ 测试你的健康商数

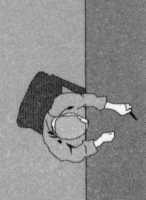

你的生活方式健康吗

测试导语

深入地了解自己的日常生活习惯，了解自己的睡眠、烟酒嗜好度、性生活等等，并且不断地去改善它、提高它，就可尽情享受健康生活的快乐。

按照自己的生活习惯对下列自测题做出最适合你的选择。

 测试开始

1. 你动身上班的时候总是这样掌握的：
   A．提前一会儿到达
   B．不紧不慢正点到达
   C．慌慌张张，经常迟到

2. 你对文化体育活动的基本态度是：
   A．不感兴趣，从不沾边
   B．只是以一个旁观者的身份参加
   C．只要有可能，从不放过

3. 早晨起床后你会：

A. 先洗脸、刷牙，然后再煮稀饭

B. 先煮饭，再洗脸刷牙

C. 不一定

4. 你每天晚上就寝的时间大约是：

A. 凭自己的兴趣

B. 把事情干完即睡

C. 大体同一时间睡

5. 你有喝茶的习惯吗？

A. 不喜欢

B. 偶尔喝一点

C. 很喜欢，且懂得茶道

6. 你对第二天上班需带的一些东西如铅笔、练习本等是怎样准备的？

A. 当天晚上全部整理好

B. 家中的东西本来就井井有条，随时即可取用

C. 每天早上得费时费力去找

7. 你早上醒来以后，总是：

A. 从容起床，轻微锻炼一下再着手干要干的事情

B. 立即跳下床

C. 估计时间还来得及，再在被窝里"舒服一会儿"

8. 如果和朋友对某问题的认识产生分歧，你一般这样解决：

A. 坚持己见，争论不休

B. 你认为没有必要争论

C. 表明自己的观点，但不争论

9. 你的早餐通常是这样安排的：

A. 有稀有干，细嚼慢咽

B. 不管冷热干稀，吃几口就走

C. 因时间来不及了，下顿再补

10. 不管任务多重、工作压力有多大，你都会和同事开玩笑吗？

A. 有时候如此

B. 每天都如此

C. 很少如此

11. 当你准备第二天早些起床时，你是这样做的：

A. 预先上好闹钟

B. 请家人到时候喊

C. 自信到时能醒来

12. 假如自己的身体出现不适或重病，你会：

A. 不当回事，等挺不住才去看医生

B. 自己随便找些药服用

C. 认真看医生，了解病情，并得到及时治疗

13. 你度过休闲时光和节假日的方式是：

A. 事先并无打算，凭即兴的方式度过

B. 事先有安排或无安排兼有

C. 事先有安排，例如买好电影票、戏票，或者计划好逛公园、会朋友等

14. 空闲时，你是否经常和朋友侃大山？

A. 经常这样，并感到很愉快

B. 从来没有

C. 偶尔一次

15. 接待来访客人、会见朋友，对你来说意味着：

A. 增加不快和烦恼

B. 浪费时间

C. 增进了解，活跃生活

评分标准

选项\得分\题号	1	2	3	4	5	6	7	8	9	10	11	12	13	14	15
A	1	5	5	5	5	3	1	5	1	3	1	5	5	1	5
B	3	3	1	3	1	1	3	3	1	3	3	1	3	5	3
C	5	1	3	1	1	5	5	1	5	5	5	1	1	3	1

测试结果

15~30分：生活方式科学健康，你能巧妙地安排生活，这对你从事的工作、学习都会产生积极的影响。健康合理的生活方式使你精力充沛，并使你的生活丰富多彩。

31~60分：生活方式尚好。你初步掌握了安排生活的艺术，在一般情况下，能轻松自如。但是在生活紧张、情绪不佳时，就会出现手忙脚乱的情况。要想使自己精力更充沛，更能适应高效率的学习和工作，应对生活方式做些调整。

61～75分：生活方式落后，你可能认为生活的艺术性对你无关紧要，因为你自认为目前生活得还不错。实际上，你的身心健康已受到伤害，对此毫无觉察是因为你占有年龄的优势。因此，应尽早纠正不良生活习惯，使自己将来生活得更幸福。

心理视点

一个人的身心是否健康和他的生活方式密切相关，好的生活方式可以使人健康地生活。可以说，科学的生活方式是保证一个人身心健康的重要条件，它至少涉及以下八个因素：

(1) 饮食。人们需要适度的营养和饮食平衡以求真实良好的健康状况。多吃少吃、挑食偏食对身体都是有害的。应该力求做到营养专家所提倡的平衡膳食。

(2) 睡眠。高质量的睡眠会使你白天精力充沛。

(3) 卫生。讲究卫生，将会提高身体抵抗力，预防各种疾病和意外伤害发生，抵抗各种有害细菌的入侵，确保我们的身体健康。

(4) 药物。应在医师指导下用药，不可自己随便用药。要注意用药时的禁忌，还要防止对药产生依赖性。

(5) 锻炼。通过体育锻炼，可以增强人的体质，提高人的免疫力，使我们有足够的体力与精力去学习。因此，应坚持进行体育锻炼。

(6) 工作与休闲。热爱工作和学习会使大脑更健康。同时又要会玩，有一定的休闲活动，使身心得到积极休息，一张一弛会使身心更健康。

(7) 精神。要保持良好的精神状态，乐观向上将会使你的生活充满阳光。

(8) 社交。要能积极参加社交活动，与人友好和谐相处往往使人健康长寿。

你的膳食是否合理

测试导语

你每天所吃的膳食质量如何？营养好不好？能否维持你的健康？世界癌症研究基金会对很多家庭提出了下列问题，让我们自己测试一下，看看我们每天的膳食是否合理？每题有3种答案：A．经常吃；B．吃，即一般一周或两周吃一次；C．很少吃或不吃。

 **测试开始**

1．你喜欢吃全麦面包或杂粮吗？
2．你常用洋葱、大蒜或草药来作为调味品并替代一部分食盐吗？
3．你将瓜子、花生或其他干果作为零食或放在午餐或晚餐中吃吗？
4．你在餐后是否吃水果？
5．你在饭店进餐时，会点蔬菜吗？
6．在副食中你吃莴苣、西红柿吗？
7．你吃柑橘类水果，如柚子、橙子或橘子吗？
8．你在副食中吃绿叶或十字花科蔬菜，如菠菜、洋白菜、甘蓝、菜花或绿菜花吗？
9．你吃割去肥肉的红肉或用大豆制品、豆类食物或豌豆作为补充铁的来源吗？
10．你常吃豆类食物，如大豆、豌豆或扁豆吗？
11．你在一天中是否喜欢将新鲜水果、干果和罐装水果作为零食？
12．你吃深海中的鱼类，如金枪鱼、三文鱼与沙丁鱼吗？
13．你饮用水果汁或红蔬菜汁吗？
14．你喜欢吃黄红色的蔬菜，如胡萝卜或辣椒吗？
15．你吃低脂奶类食品，如低脂酸奶或低脂牛奶吗？
16．你在烹调时，用葵花子油、橄榄油或豆油替代猪油或牛油吗？

 评分标准

选 A 得 2 分；选 B 得 1 分；选 C 得 0 分。计算你的总分。

 测试结果

0～10 分：表明你选择的食物有问题。因此你必须仔细检验你的膳食，并选择所提问题中的答案分数高的食物来食用。这一措施不必急于求成，要逐渐改变。

11～21 分：表明你所选择的食物基本是对健康有益的，但还可以做得更好。最好你每天都选择或大部分选择吃分数最高类的食物。

22～32 分：表明你所吃膳食中的营养已经相当好了，一般不必再补充维生素或保健食品，但希望你能够保持下去。

第十三章 健康是幸福的基石

心理视点

中国居民平衡膳食宝塔是根据中国居民膳食指南,结合中国居民的膳食,把平衡膳食的原则转化成各类食物的重量,便于大家在日常生活中实行。

平衡膳食宝塔共分五层,包含我们每天应吃的主要食物种类。宝塔各层位置和面积不同,这在一定程度上反映出各类食物在膳食中的地位和应占的比重。

第一层(底层):谷类。包括米、面、杂粮。主要提供碳水化合物、蛋白质、膳食纤维及B族维生素。它们是膳食中能量的主要来源,多种谷类掺着吃比单吃一种好。每人每天要吃350~500克。

第二层:蔬菜和水果。蔬菜和水果各有特点,不能完全相互替代,一般来说红、绿、黄色较深的蔬菜和深黄色水果含着营养比较丰富,所以应多选用深色蔬菜和水果。每天应吃蔬菜400~500克,水果100~200克。

第三层:鱼、虾、肉、蛋(肉类包括畜肉、禽肉及内脏)类。它们彼此间营养素含量有所区别。每天应吃150~200克。

第四层:奶类和豆类食物。奶类主要包括鲜牛奶、奶粉等。它们是天然钙质的极好来源。每天应饮鲜奶250~500克,吃豆类及豆制品50~100克。

第五层(塔尖):油脂类。主要提供能量。植物油还可提供维生素E和必需脂肪酸。每天不超过25克。

你患有忧郁症吗

测试导语

据世界卫生组织的调查,目前全世界约有1亿人患有忧郁症,而且数量是有增无减,成为当今的"流行病"。想要知道忧郁症是否正威胁着自己的健康,就请做下面的试。请根据一周来的身体、情绪情况来回答"是"或"否"。

测试开始

1. 我睡觉质量很差。
2. 我总是把事情搞得一团糟。

3. 我总是觉得特没信心。
4. 我觉得心情不好。
5. 我比以前爱发脾气。
6. 我觉得做事时常常无法集中注意力。
7. 我觉得食欲不好，不想吃东西。
8. 我觉得对什么事情都不感兴趣。
9. 我觉得想事情或做事情效率都比平时低。
10. 我觉得不轻松、不舒服。
11. 我觉得身体很虚、没力气，总感到疲劳。
12. 我觉得自己很没用。
13. 我总觉得身体有点问题，如头痛等。
14. 我常常想哭。
15. 我觉得记忆力不如以前。
16. 我觉得胸口闷闷的。
17. 我总是想不开，甚至想到去死。
18. 我老是觉得很烦。

评分标准

回答"是"得1分，回答"否"得0分。然后计算总分。

测试结果

0～4分：你是一个极端乐观、极端快乐的人。天底下没有能让你不快乐的事，希望你能继续保持这种积极的心态。

5～9分：你感情敏感，一件无关紧要的事都可以让你郁闷，但你可以很快走出这种郁闷。

10～13分：你有轻微的忧郁症，应该积极调整心态，否则将更趋严重。

14～18分：你的忧郁症已比较严重，大多数日子你都比较忧郁，不要丧失信心，多与朋友、家人、同事沟通，要学会释放心中的压力，你便会远离忧郁。

第十三章 健康是幸福的基石

心理视点

忧郁症患者应及时向亲人或朋友倾诉自己的不安与压力，寻求社会心理支持，同时可以有意识地参加一些自己感兴趣的活动（包括适度的体育锻炼）或做一些感兴趣的事情，不要勉强自己再去做感觉困难的事情。

如果这种自我调整仍然无效的话，那么就应及时到当地正规专业的精神卫生专科机构的心理科或精神科就诊，如果确诊患了忧郁症，也不必害怕，使用抗抑郁类的药物和专家心理疏导相结合的治疗方法，一般都有很好疗效。

你的心理衰老了吗

测试导语

有的人还很年轻，但心理已经衰老了，并且在日常生活中处处表现出老气横秋。原本青春的你，心理是否已经衰老了呢？请阅读下面的问题然后回答"是"或"否"。

测试开始

1. 一点不能宽容别人，甚至对自己的亲友也是如此。

2. 自己会一味地干某些事，或者一味地想某件事而不听别人劝告。

3. 心情紧张时会头脑混乱，不甚清醒。

4. 经常会流泪哭泣。

5. 有时觉得自己生不如死。

6. 经常感到心里害怕或者胆怯。

7. 总是愁眉不展、忧心忡忡。

8. 别人对自己稍有冒犯就火冒三丈。

9. 会无缘无故地想念自己不熟悉的人。

10. 经常觉得情绪紧张、坐立不安。

11. 自己的身边如果没有熟人，会感到恐惧不安。

12. 脾气十分暴躁。

13. 看别人做事，心里觉得不放心。

14. 曾住过精神病医院。

15. 总希望有人同自己闲聊。

16. 常常犹豫不决，难以下定决心。

17. 感情容易冲动。

18. 别人请求你帮助时，你会感到不耐烦。

19. 在别人家吃饭，你会感到别扭。

20. 你骤然见到生人时会手足无措。

评分标准

回答"是"得1分，回答"否"得0分。计算你的总分。

测试结果

4分及以下：心理没有衰老。

5～8分：心理有些衰老。

9～12分：心理比较衰老。

13～16分：心理很衰老。

17～20分：心理极度衰老。

 **心理视点**

　　依照上面的自测结果，结合下面的心理健康十大标准，便可大致了解自己的心理年龄。

　　有充分的安全感；有自知之明，对自己的能力有恰如其分的评价；生活目标切合实际，能够现实地对待和处理身边所发生的问题；能与周围环境保持良好的接触，并能始终兴趣盎然；能保持自己人格的完整与和谐；具有从经验中学习的能力；情绪平和，自控能力强；个性发挥良好、适度；能在个人身体允许的范围内适度发挥自己的个性；能在社会规范之内对个人的基本需求恰如其分地感到满足。